西安交通大学 本科"十二五"规划教材
"985"工程三期重点建设实验系列教材

"计算机组成与设计"实验教材

——基于设计方法、VHDL及例程

姜欣宁 编著

U0282708

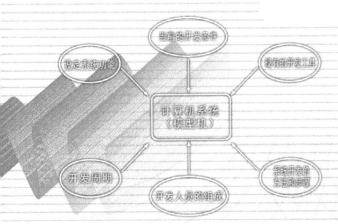

西安交通大学出版社
XI'AN JIAOTONG UNIVERSITY PRESS

内 容 提 要

　　本书是为"计算机组成原理"课而编写的实验教材。第一篇通过两个完整的计算机模型机的设计过程,详细地说明了系统的设计思路和实现方法,包括各功能部件的实现、指令集的设计和系统的集成;第二篇介绍了硬件描述语言 VHDL 的基本用法,包括 VHDL 程序的基本构成、描述方法、常用语句、层次结构设计等;第三篇介绍计算机组成实验例程,帮助同学们理解计算机底层的数据通路、层次结构和时序等概念和提高实用编程技能。附录 1 介绍了最新版 Xilinx ISE14.4 开发软件的使用方法。附录 2 介绍了 XJECA 实验教学系统的构成及例程,它是基于 Xilinx 最新的 ZYNQ - 7000 平台,学习 Xilinx PlanAhead 等软件的入门教材。附录 3 介绍了 TEC - CA 机的使用方法和 QuartusII 开发平台的使用。

　　本书重点突出、内容丰富、简明实用;可作为高等院校计算机、电子、通信和自动控制各专业本科生相关课程的教材和参考书,也可作为硬件设计人员的参考书。

图书在版编目(CIP)数据

　　"计算机组成与设计"实验教材:基于设计方法、VHDL 及例程/姜欣宁编著,—西安:西安交通大学出版社,2014.1(2015.1 重印)

　　西安交通大学"十二五"实验系列教材

　　ISBN 978 - 7 - 5605 - 4028 - 3

　　Ⅰ.①计⋯　Ⅱ.①姜⋯　Ⅲ.①计算机体系结构-高等学校-教材 ②VHDL 语言-程序设计-高等学校-教材　Ⅳ.①TP303②TP301.2

　　中国版本图书馆 CIP 数据核字(2014)第 014663 号

策　　　划	程光旭　成永红　徐忠锋

书　　　名	"计算机组成与设计"实验教材——基于设计方法、VHDL 及例程
编　　　著	姜欣宁
责任编辑	刘雅洁

出版发行	西安交通大学出版社
	(西安市兴庆南路 10 号　邮政编码 710049)
网　　　址	http://www.xjtupress.com
电　　　话	(029)82668357　82667874(发行中心)
	(029)82668315　82669096(总编办)
传　　　真	(029)82668280
印　　　刷	北京京华虎彩印刷有限公司
开　　　本	727mm×960mm　1/16　印张 16.125　字数 293 千字
版次印次	2014 年 2 月第 1 版　2015 年 1 月第 2 次印刷
书　　　号	ISBN 978 - 7 - 5605 - 4028 - 3/TP · 605
定　　　价	30.00 元

编审委员会

Preface 序

教育部《关于全面提高高等教育质量的若干意见》(教高〔2012〕4 号)第八条"强化实践育人环节"指出,要制定加强高校实践育人工作的办法。《意见》要求高校分类制订实践教学标准;增加实践教学比重,确保各类专业实践教学必要的学分(学时);组织编写一批优秀实验教材;重点建设一批国家级实验教学示范中心、国家大学生校外实践教育基地……。这一被我们习惯称之为"质量 30 条"的文件,"实践育人"被专门列了一条,意义深远。

目前,我国正处在努力建设人才资源强国的关键时期,高等学校更需具备战略性眼光,从造就强国之才的长远观点出发,重新审视实验教学的定位。事实上,经精心设计的实验教学更适合承担起培养多学科综合素质人才的重任,为培养复合型创新人才服务。

早在 1995 年,西安交通大学就率先提出创建基础教学实验中心的构想,通过实验中心的建立和完善,将基本知识、基本技能、实验能力训练融为一炉,实现教师资源、设备资源和管理人员一体化管理,突破以课程或专业设置实验室的传统管理模式,向根据学科群组建基础实验和跨学科专业基础实验大平台的模式转变。以此为起点,学校以高素质创新人才培养为核心,相继建成 8 个国家级、6 个省级实验教学示范中心和 16 个校级实验教学中心,形成了重点学科有布局的国家、省、校三级实验教学中心体系。2012 年 7 月,学校从"985 工程"三期重点建设经费中专门划拨经费资助立项系列实验教材,并纳入到"西安交通大学本科'十二五'规划教材"系列,反映了学校对实验教学的重视。从教材的立项到建设,教师们热情相当高,经过近一年的努力,这批教材已见端倪。

我很高兴地看到这次立项教材有几个优点:一是覆盖面较宽,能确实解决实验教学中的一些问题,系列实验教材涉及全校 12 个学院和一批重要的课程;二是质量有保证,90％的教材都是在多年使用的讲义的基础上编写而成的,教材的作者大多是具有丰富教学经验的一线教师,新教材贴近教学实际;三是按西安交大《2010版本科培养方案》编写,紧密结合学校当前教学方案,符合西安交大人才培养规格和学科特色。

　　最后,我要向这些作者表示感谢,对他们的奉献表示敬意,并期望这些书能受到学生欢迎,同时希望作者不断改版,形成精品,为中国的高等教育做出贡献。

西安交通大学教授
国家级教学名师

2013 年 6 月 1 日

Foreword 前言

　　"计算机组成原理"课程是计算机专业的一门核心课程,是计算机学科的基础,非常重要;而要掌握该课程的核心内容要求学生经过实践环节的训练。当今,硬件描述语言、现场可编程门阵列(FPGA)及相关的 EDA 软件平台已经被广泛应用到 IT 行业的各个领域;而利用这些技术来开发实验教学中复杂、系统性的实验项目,可以大幅度提升教学层次和效果;同时,掌握这些技术进行硬件电路的设计,是对计算机、电子、通讯和自动控制等专业学生的一个基本的要求。

　　6 年前,本书作者将 FPGA、VHDL 及 EDA 开发软件这些技术应用到计算机组成课程的教学实践中,让学生完成一台计算机(模型机)及数字系统的设计项目;以此真正掌握一个计算机系统的内在运行机制及它的设计和实现过程。在实践中,深感让学生在有限的课时内独立完成一个系统的设计及调试,有较大的困难和挑战,且缺少合适的教材;为此,作者根据多年教学、科研的经验开发出了一个实用的"系统的设计方法",以期让学生按照此思路进行设计,达到"事半功倍"之效;经过几年的实践证明方案可行。作者将几年来的教学实践的基本思路、设计方法和实践经验总结成书。

　　本书第一篇通过两个完整的计算机设计过程来详细说明了设计思路和实现方法:其中一个偏重"硬件"的设计,采用组合逻辑设计方案,系统的集成通过"硬件"实现;另一个偏重"软件"设计,采用微程序设计方案,系统部件和系统的集成都用"软件"实现。第二篇介绍了硬件描述语言 VHDL 的基本用法。第三篇介绍计算

1

机组成实验例程,它提供一些功能部件的例程,引导学生一步一步的"进入"系统的设计。

在编写本书的过程中,获益于作者多年的教学实践,也得益于与学生的教学互动中,从他们身上收获的灵感和具体操作上的测试结果,在此表示我衷心的感谢。另外,还得到了西安交通大学计算机系主管教学的桂小林教授的支持和指导、教学组赵青萍和王换招副教授的建设性意见及张克旺博士参与"XJECA 实验教学系统"的研制工作,在此表示衷心的感谢。对姜维周同学所做的电路调试及文字编辑工作;王峥续、潘雨彤同学在 XJECA 设备上,进行项目开发所做的探索性工作,均在此表示感谢。还要感谢北京威视锐公司姚远总经理在研发设备中给予的支持及所提供的 Xilinx ZYNQ 系列产品的资料,任会洁工程师在产品的开发调试中提供的及时帮助。感谢清华科教仪器厂杨春武先生提供的 TEC—CA 机的使用手册及资料。感谢 Xilinx 中文网站(http://www.Xilinx.china.com.cn)提供的丰富的资料。

编 者

2013.3

2

Contents 目 录

第一篇　计算机系统(模型机)的设计方法介绍

第三篇　实验项目

第一篇
计算机系统（模型机）的设计方法介绍

第1章 概　述

1.1　背景

为什么要开设"计算机组成与设计"的设计课程？

（1）该课程是计算机专业的一门核心课程，比较抽象，必须经过实践环节，才能去除一些似是而非的概念，真正掌握一个计算机系统的内在运行机制，并且为后续课程打下一个坚实的基础；

（2）让学生学习和掌握一个计算机系统（模型机）的设计方法及相关技术；

（3）培养学生自主创新能力（作为计算机专业的学生应该不仅会使用计算机，而且还要学会和掌握设计一台计算机的方法）。

1.2　课程的设计思路

1.2.1　设计定位

（1）以教科书上的基本概念为基础，反映国际上先进的设计理念和技术，参考其他信息来源及实际经验；

（2）根据学生以往实践过程中的情况来设计实验；

（3）学习和掌握构建一台计算机主机（模型机）的方法为主，编程技巧为辅；

（4）学习和掌握实现一台计算机主机系统（模型机）为主要内容，不强调技术上的复杂性；

（5）本书以体现"硬件"实验特征为主，弥补学生这一方面的不足；

（6）将计算机系统抽象（理解）为："功能部件加总线"（顶层）或"寄存器加信

号线"(底层),加上控制器(信号)的模式加以理解和设计;

(7) 学生重点掌握设计"过程"(它是由"0"到"1"跳变的过程);

(8) 强调设计过程的"完整性"、"简洁性"、"有效性"、"易读性";

(9) 概念和方法从多个角度重复叙述;

(10) 把握宏观(设计方法),专注细节(实现)。

1.2.2 开发方法的设计

(1) 整个开发进程

因为使用"自顶向下设计"方法要求对底层部件非常熟悉,学生没有进行过系统的设计培训,而用"自底向上设计"方法,学生难以全面的把握,所以这里采取"自顶向下"和"自底向上"开发方法的结合,即:

① 先打基础(设计底层部件或给出例程),再执行"自顶向下设计";

② 或先规划系统顶层布局(实验指导老师提供系统顶层设计图),再"自底向上设计";

③ 设计过程偏重于自顶向下,实现过程偏重于自底向上。

(2) 关键的开发方法

引入状态图进行控制系统的描述、分析、设计和调试。

(3) 设计过程的描述

① 上下结合(顶层描述(行为描述,用于方案的设计,框图为主),底层描述(结构描述,电路为主));

② 动静结合(流程图,状态图,数据表,电路图)。

特别是状态图的描述可以将比较复杂的关系清晰地表现出来(实践中体会);循序渐进,概念的重复、逐步深入,不断完善。

通过以上环节,可使同学由"新手"较快地变成"有经验"的人,培养同学们自主创新的能力、严谨的工作作风、克服浮躁心理。

(4) 整体实现过程的安排

① 完成验证性的部件实验,熟悉硬件描述语言(底层设计的掌握)。

② 方案的设计。

对系统的设计思路、结构和分工有一个清晰的认识,也为后续调试提供依据;实践证明这一步很有必要。

③ 项目的实现。

利用 EDA 开发平台、硬件描述语言等工具来实现仿真、下载和调试,完善设计方案。

1.3 技术要求和实施平台

(1) 开发环境：使用 EDA 软件（如 QUARTUSII、ISE）、FPGA（现场可编程门阵列）和硬件描述语言（如 VHDL）为开发工具进行系统的设计、综合、下载及调试。

Xinlinx 公司的开发环境：ISE、PlanAhead 等。

(2) 设计工具：选用硬件描述语言进行项目的描述，因为它功能非常强大，对于构建一个大的系统，不仅适合对其行为/结构进行描述，也易于形成相关的硬件电路。

(3) 实现过程：在 QUARTUSII 或 ISE 平台上完成以下过程，编辑→综合→仿真→编程（下载）→调试等。

完整的开发流程，即，自然语言说明→VHDL 的系统行为描述→系统的分解→RTL 模型的递交→门级模型产生→最终（物理布线）实现的底层电路。

注：在本书的叙述中，计算机模型机也简称为计算机系统或系统。

第2章 计算机系统设计方法的描述

一个计算机系统的设计过程可以由以下图形直观地描述出来。

2.1 系统开发的整体规划(见图2-1)

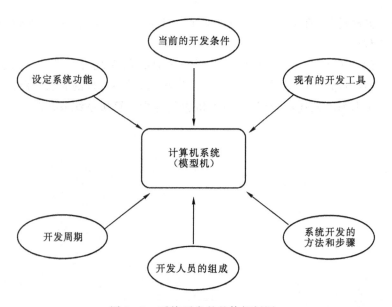

图2-1 系统开发的整体规划图

说明:这一步,指引学生通过调研查找资料,使头脑中有一个总体的概念和规划,主要解决如何"准备"设计的问题,即解决"入手"难的问题。

要求学生对每一个框的任务进行调研和思考,包括:设定系统的功能、目前的开发条件、现有的开发工具、系统的开发方法、人员(团队)的组合及开发周期等。

2.2 系统的体系结构描述

系统结构可以从不同的角度来分析,下面是它的三种结构框图(见图2-2~图2-4)。

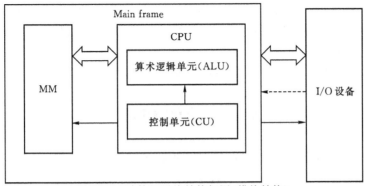

图 2-2　计算机系统结构框图(模块结构)

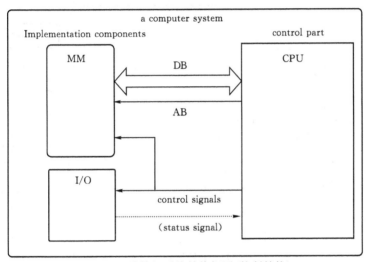

图 2-3　计算机系统结构框图(控制结构)

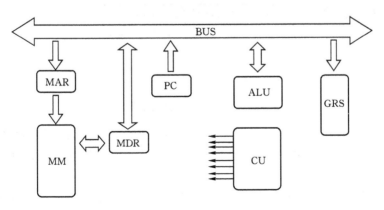

图 2-4　计算机系统结构框图(总线结构)

说明:这一步使学生对一个计算机系统有一个整体的概念,它可以分为模块来分析,思考模块是如何连接的;控制单元和控制部件之间的关系;理解总线和数据通路的概念;从不同的角度来理解一个计算机系统。

要求同学对图2-2~2-4中每一个框的任务进行调研和思考。

2.3　系统的初步划分

系统可以被划分为"软件"和"硬件"两大分支(见图2-5)。

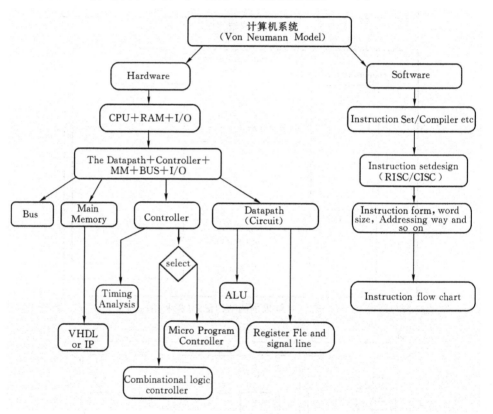

图2-5　软件、硬件的划分图

说明:这一步,通过将"一个复杂的系统划分为软件和硬件",使学生们对一个系统的内部结构有整体的理解,主要是为了解决"启动难"(在开始设计一个系统时)的问题。

要求同学对每一个框的任务进行调研和思考。如果以小组为单位来完成任务,建议其中一人主要考虑整体设计,其他同学重点掌握模块上的功能实现;小组内相互讨论交流,进而加快对整个系统设计的理解和掌握。

2.4　系统内部模块的关联

找出系统内"软件"和"硬件"及模块之间的"关系",见图 2-6。

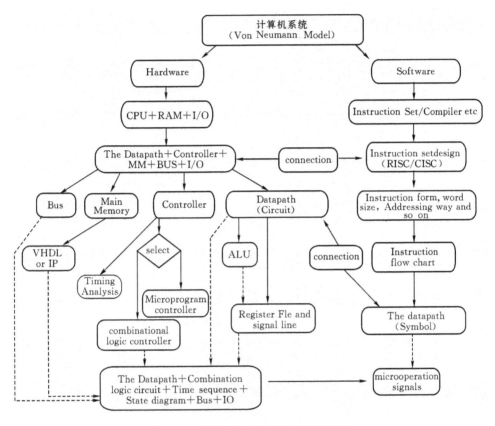

图 2-6　"软件"与"硬件"之间的关系图

说明:上图使学生明白,一个系统需要软件和硬件支持,需要注重软件与硬件设计中的"协调"问题;并指出其中的"结合点",以解决 "协调"难的问题。

要求同学思考每一个 "组合框"(菱形)的任务以及"协调"的方式和方法。

2.5　系统的详细设计流程图

以上图表从概念和理论上为学生指出了思考方向和设计元素。以下内容将给予更具体的设计过程,便于学生的思考,见图 2-7。

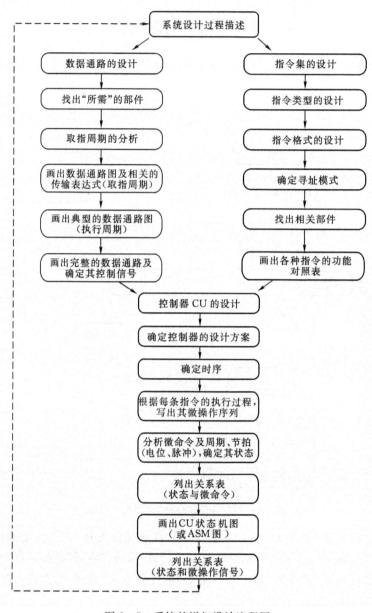

图 2-7 系统的详细设计流程图

[步骤及要点]:

(1)根据指令的流程(分为取指周期和执行周期),画数据通路;

（2）先找出必用的部件，可以从取指令操作"入手"，因为它的操作是"公"操作，比较固定，涉及的器件比较全面，有代表性；

（3）再补充其他部件（与具体指令有关）；

（4）最后画出完整的数据通路及相关所需的控制信号；

（5）考虑如何产生这些控制信号（微操作）；因为控制信号的产生是和时序相配合的（可以利用状态图来描述它们之间的关系，即，用状态图将微命令和机器周期、节拍电位联系起来；

（6）最后，画出状态机图，列出控制信号（微命令）与各状态之间的关系表。

设计时可参照图 2-7 进行，思考每一框的含义，做到"心中有数"。

第3章 计算机系统的设计与实现 （组合逻辑设计方案）

3.1 构建数据流的路径

要建立数据流的路径(数据通路)，我们必须了解指令的执行过程。因为它们彼此密切相关。进行指令执行的流程分析时，我们可以通过了解指令流程来联系(想)相关的数据通路。

(1)一个指令的执行流程图描述，参见图3-1。

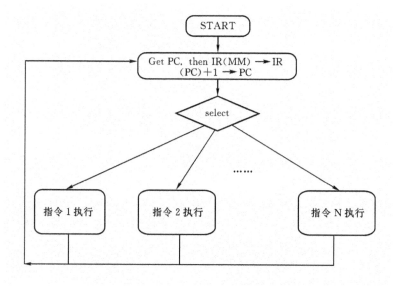

图3-1 一个指令的执行流程图

(2)一个指令周期的安排：

从上图中可以看出，一个完整的执行过程包括两个周期，取指周期和执行周期，每一个周期包含若干节拍电位。

3.2　配置数据流路径(数据通路)的基本部件

首先系统的功能就是完成程序的执行,程序的执行就是数据的处理过程(实际是数据的流动的过程,它要流向哪里,经过哪些部件,由谁控制(后面提到)),所以总体上就是数据通路完成的动作。另外,在计算机工作过程中必须设置相应的寄存器(缓冲器、锁存器)来协调整个时序,可以从多个角度来考虑配置部件。

(1)在取指过程中应该备有的部件

如,完成取指令操作应该有主存 MM(the Main Memory),而存储器应该提供主存地址,即需要内存地址寄存器 MAR(Memory Addresses Register)。其余有:MDR、PC 、IR、ID 、CU 等。

(2)从计算的角度应该备有的部件

要完成基本的数据处理(算术和逻辑运算)需要部件 ALU,其余有:MUX 、LA(暂存器)、LB、ESULT(存放结果)、RF、PSW 等。

注:①考虑到程序的运行,除了顺序执行,还应该设置转移功能,所以应该有计算转移地址的部件。可以通过 ALU 的算术运算功能实现,也可将这部分功能从 ALU 里分离出来,由专门的地址计算单元(该部件可由加法器或选择器)实现。

②计算地址还可以考虑使用多路选择器 MUX。

③三态门用于部件与总线之间的连接和断开。

④在系统图中,每个部件之间或部件和总线之间需要缓冲器来协调,并以此来画数据通路。

以上内容解决了如何确定最基本的部件及相关的功能,但还没有具体相连,还需要分析指令的流程来完成连线。

3.3　取指周期的分析

在 CPU 处理指令之前,必须从主存储器取出指令。其中取指执行以下操作:

(1)现行指令地址送至存储器地址寄存器;

(2)控制器向主存发读命令,启动主存储器读操作;

(3)将 MAR 所指的主存单元的内容(指令)经数据总线读至 MDR 内;

(4)将 MDR 的内容送至 IR;

(5)形成下一条指令的地址。

3.4 数据通路的构建举例

3.4.1 取指令数据通路的构建(见图 3-2)

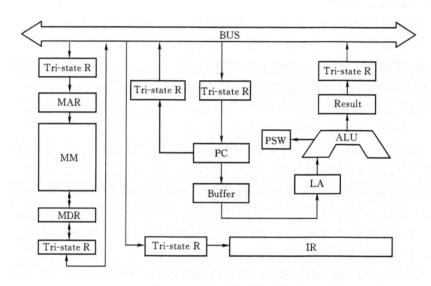

图 3-2 取指令的数据通路

说明：

(1)将程序计数器 PC 中的地址经总线送至存储器地址寄存器 MAR 和 ALU 缓存器 LA 中,同时向存储器发出读命令;

(2)读出由存储器地址寄存器 MAR 指定的存储单元中的指令并送入存储器数据寄存器 MDR,同时 ALU 数据缓存器 A 加上 1 并将结果送入结果暂存器 RESULT 中,作为下一条指令的地址;

(3)将存储器数据寄存器 MDR 中的指令经总线送入指令寄存器 IR;

(4)将结果暂存 RESULT 中,下一条指令地址从 RESULT 经总线传入 PC。

以下各小节表示各类指令在执行周期的分析和它们的数据通路的形成。

3.4.2 各类指令数据通路的构建

1. 算逻指令数据通路的构建

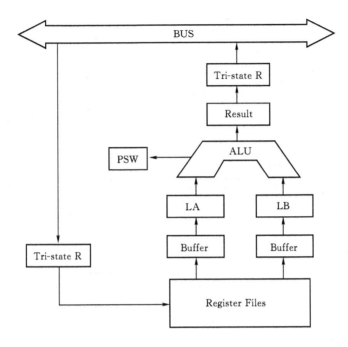

图 3 - 3 算逻指令数据通路图

说明：

(1)将寄存器组 RF 中的第一个源操作数送入 ALU 数据寄存器 LA；

(2)将寄存器组 RF 中的第二个源操作数送入 ALU 数据寄存器 LB；

(3)将 ALU 数据寄存器 LA 和 LB 内容运算送入结果暂存器 RESULT，这里可以进行 ADD，SUB，AND，OR 四种操作；

(4)将结果暂存器 RESULT 中的运算结果经总线送入寄存器组 RF。

2. 访存指令数据通路的构建(略)

3. 访寄存器组指令数据通路的构建(略)

4. 转移(条件/无条件跳转)指令数据通路的构建(略)

3.4.3　总的数据通路的形成

综合各类指令，得到系统完整数据通路图(见图 3 - 4)。

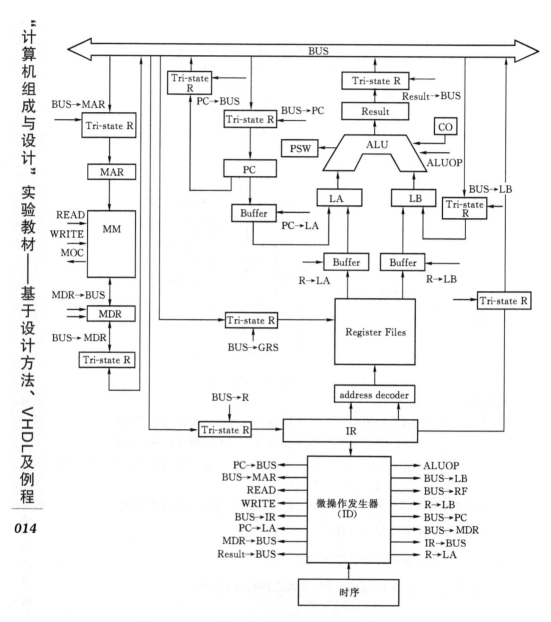

图 3 - 4　系统的数据通路图

3.4.4　数据通路中控制信号的确定

根据数据通路图中相关的"门",确定需要的控制信号(控制"使能端")。如:

控制信号的含义：

BUS→PC	打开总线到 PC 的控制门,将总线上的内容传到 PC 中。
PC→BUS	打开 PC 到总线的控制门,将 PC 中的内容传到总线上。
R→LA	打开寄存器组到 ALU 的暂存器 LA 的控制门。
R→LB	打开寄存器组到 ALU 的暂存器 LB 的控制门。
BUS→IR	打开总线到 IR(指令寄存器)的控制门,将总线上的内容传到 IR 中。
BUS→MAR	打开总线到存储器地址寄存器的控制门,将总线上的内容传到 MAR 中。
READ	主存储器读信号。
WRITE	主存储器写信号。
BUS→MDR	打开总线到存储器数据寄存器的控制门,将总线上的内容传到 MDR 中。
MDR→BUS	打开存储器数据寄存器到总线的控制门,将 MDR 中的内容传到总线上。
ALUOP	进行相应的算术逻辑运算。
RESULT→BUS	打开存放 ALU 运算结果的暂存器的控制门,将结果放到总线上。
BUS→RF	打开总线到寄存器组的控制门,将总线上的内容传到寄存器组中。
PC→LA	打开 PC 到 ALU 的暂存器 LA 的控制门。
BUS→LB	打开总线到 ALU 暂存器 LB 的控制门,将总线上的内容传到 LB 中。
IR→BUS	打开 IR 到总线的控制门,将 IR 中的内容传到总线上。

3.5 指令集设计

在进行指令集的设计过程中,可以和数据通路的设计结合起来考虑。

3.5.1 指令系统设计概述

指令系统在整个计算机系统结构设计中处于核心的地位。指令系统设计不仅仅直接关系到计算机系统硬件的设计,而且必然影响后期系统软件的设计。一台计算机的指令系统决定了计算机所具备的工作能力,是评价一台计算机性能的重要指标。

首先,指令系统直接关系到用户使用计算机时对计算机各个部件功能的调用和实现,因此作为一个指令系统,它首先要明确当前计算机有哪些部件,要实现哪些功能,以及如何将这些功能通过指令尽可能简单地呈现给用户,以达到既让用户通过自己设计的这些指令能够实现所有必要功能,同时还保证没有一个部件被闲置或浪费。其次,设计一个指令系统,一定要对当前整个系统有比较充分的了解和认识,需要认真研究系统的整体框架,以及各个部件的指令流图、控制信号。本例选择了一些常用指令来构成一台计算机的指令系统。

3.5.2 指令类型的设计

按功能划分,指令可分为以下几类:

(1) 算术类:ADD,SUB;

(2) 逻辑类:AND,OR;

(3) 寄存器访问类:SET,MOV;

(4) 存储器访问类:LOAD,STORE;

(5) 条件转移类:BEQ;

(6) 无条件转移类:JMP。

开始设计指令时,指令选择的原则一般是:"以类划分"、"抓'大'放'小'"、"格式规整",处理好指令的数目和功能的关系,尽量使指令的类型完备,涵盖基本的功能。掌握了这些指令的设计(还与硬件的设计有关),其他复杂的指令集也能够比较容易实现。

3.5.3 指令格式的设计

常用指令格式如下所示。

OPCODE	DEST_REG	SOUR_REG1	SOUR_REG 2
OPCODE	DEST_REG	MM Address	
OPCODE	SOUR_REG	MM Address	
OPCODE	offset (conditions Jump)		
OPCODE	offset (unconditions Jump)		
OPCODE	DEST_REG	Immediate	

注：以上格式比较规整、简单：

①字长:固定长度,16 bits;② 操作码:固定长度,4 bits;③操作数:1 ～ 3 bits。

3.5.4 寻址方式的确定

常用的寻址方式如下：

(1)直接寻址；

(2)相对寻址；

(3)寄存器寻址；

(4)寄存器相对寻址。

注:为降低指令集设计的难度,一开始可以不考虑设计指令执行时操作数的间接寻址问题,只涉及取指令和执行两个机器周期。可以参考 MIPS 指令系统(RISC)的设计思想,即程序访存仅通过两条访存指令 LOAD 和 STORE 分别来进行存储器的读和写操作,其他所有的操作均通过 CPU 的内部寄存器进行。

3.5.5 各条指令的描述与功能部件的配置

加法指令： ADD

汇编格式： ADD Reg0，Reg1，Reg2

功能描述：寄存器 R1 与 R2 相加,结果传送给寄存器 R0。

机器码格式：

0000	0000	0001	0010

各字段的含义：

OPCODE	DEST_REG	SOUR_REG1	SOUR_REG 2

相关的部件:ALU, registers, data buffer, result registers, flag registers.

指令描述:该指令可以完成 16 位字长的加法。

同理,可以描述其他指令,如:减法指令 SUB;逻辑操作指令 AND 、OR;访问内存指令 LOAD 、STORE;条件/无条件跳转指令 BEQ 、JMP;访问寄存器指令。

3.5.6 写出"指令系统对照表"

如表 3-1 所示,清楚地说明(比较)了指令类型、汇编格式、每一个字段的含义和指令的功能。

表 3-1　Instruction set reference table(指令集参考表)

Type	Mnemonic	15~12	11~8	7~4	3~0	Function
算术逻辑	ADD	0000	rd	rs1	rs2	(rd)←(rs1)+(rs2)
	SUB	0001	rd	rs1	rs2	(rd)←(rs1)-(rs2)
	AND	0010	rd	rs1	rs2	(rd)←(rs1)AND(rs2)
	OR	0011	rd	rs1	rs2	(rd)←(rs1)OR(rs2)
主存访问	LOAD	0100	rd	offset		(rd)←mem(Extend(immediate))
	STORE	0101	rd	offset		mem(Extend(immediate))←(rd)
跳转	BEQ	0110	offset			If(Z=1) then(PC)←(PC)+offset
	JMP	0111	offset			(PC)←(PC)+offset
寄存器访问	SET	1000	rd	immediate		(rd)←immediate
	MOV	1001	rd	rs	XXXX	(rd)←(rs)

注:op—操作码;rs,rd—寄存器操作数;immediate—立即数;offset—转移的偏移地址

3.6　控制器的设计

需要考虑如何将硬件、微操作和状态联系在一起。

3.6.1　控制器的设计概述

控制器 CU 是整个 CPU 的关键部件、是整个系统设计的核心,其设计质量的好坏直接影响整个系统的性能。控制器是控制部件,负责将当前指令翻译成带有时序标志的各种微操作控制信号,再由这些微操作信号一步一步地执行指令所规定的微操作来控制执行部件,完成相应的操作,从而在一个指令周期内完成一条指令所规定的全部操作。

控制器 CU 的核心功能是在时序配合下产生微操作信号(微命令)。

控制器 CU 的设计方式分为组合逻辑设计方案和微程序设计方案。

3.6.2 控制器的基本逻辑模块组成

指令寄存器 IR：用于 CPU 在执行过程中存储指令，以便于指令的译码和执行。

指令译码器 ID：用于指令译码，识别出是什么指令；指令译码器是计算机控制器中最重要的部分。所谓组合逻辑控制器就是指指令译码电路是由组合逻辑实现的。

时序发生器：用于产生相应的时序信号，即机器周期和节拍电位，节拍脉冲。

组合逻辑电路：控制器的核心部件，用于在恰当的时刻产生相应的控制信号（微操作信号），见图 3-5。

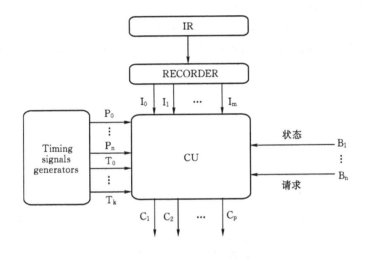

图 3-5 控制器电路框图

3.6.3 微操作与各种信号之间的关系

控制器的最重要的功能是产生微操作信号；它与各种信号之间的关系表达式如下：
$$C_p = f(I_m, P_n, T_k, B_j)$$
其中，I_m 为输入信号，来自指令（OP）译码器的输出；P_n 和 T_k 为时序信号、输入信号，来自时序发生器的机器周期和节拍电位；B_j 为状态信号，输入信号，来自执行部件的反馈信号；C_p 为逻辑电路的输出信号，微操作控制信号，用来对执行部件进行控制。

3.6.4 "时序"设计要点

组合逻辑控制器一般采用三级时序控制;指令周期下分机器周期→节拍电位→节拍脉冲;详细内容参见第三篇实验十。

3.6.5 时序电路模块的设计

1.启停电路的设计要点

(1)简单的启停电路

启停逻辑电路的作用是对脉冲源产生的主频脉冲进行完整、有效的控制,保证计算机时序电路能准确地启动和停止。计算机启停的标志是节拍电位和工作脉冲的有无。控制工作脉冲按一定的时序发生和停止,不能简单地用电源开关来实现。为了使计算机可靠地工作,要求启停电路在计算机启动或停机时,保证每次从规定的第一个脉冲启动,到最后一个脉冲结束才停机,并且必须保证第一个和最后一个脉冲的波形完整。如图3-6所示。

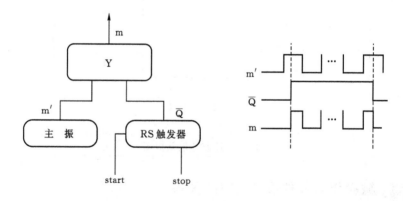

图3-6 简单的启停电路

上图中 m′ 为主频脉冲,$\overline{Q}$ 为启停触发器输出端,m 为工作脉冲。如果只使用一个触发器来控制主频脉冲的输出,由于停机触发器置"1"的状态是随机的,它的出现和消失很可能正好处于主频脉冲的高电位期间,这样它的输出也就可能会使第一个脉冲或最后一个脉冲不完整。

(2)改进后的启停电路

增加一个维持-阻塞触发器,启动时,可将不完整的波形阻塞;停机时,可维持最后一个波形完整。这样可以保证第一个和最后一个工作脉冲的完整,见图3-7。

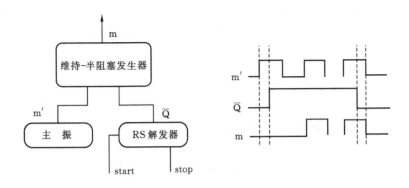

图 3-7　改进后的启停电路

2. 节拍脉冲发生器

节拍脉冲信号形成部件又叫脉冲分配器,即按照指令周期和机器周期的要求产生不同频率、不同波形的工作脉冲和节拍电平,组合成规定的时标信号。

由移位寄存器构成的节拍脉冲发生器如图 3-8 所示。从图中可以看出,4 个 D 触发器构成一个移位寄存器。上电后脉冲源立即产生主时钟 Φ,且由上电复位信号($\overline{CLR}=0$)将 C_4 触发器置 1,由第一个主时钟 Φ_1 的上升沿经 YF_2 置 $C_1C_2C_3$ 为 000,因此移位寄存器的初始状态为 0001,到 Φ_1 的下降沿置 C_4 为 0,这时 $C_1 \sim C_4$ 的状态成为 0000;到 Φ_2 的上升沿通过 YF_1 将 $C_1C_2C_3$ 置成 100,而 C_4 保持为 0;到 Φ_3 的上升沿,$C_1C_2C_3$ 被置成 110,C_4 仍保持为 0 不变;到 Φ_4 的下降沿,置 C_4 为 1,$C_1 \sim C_4$ 的状态为 1111;到 Φ_5 的上升沿通过 YF_2 将 $C_1 \sim C_3$ 置成 000,$C_1 \sim C_4$ 重新回

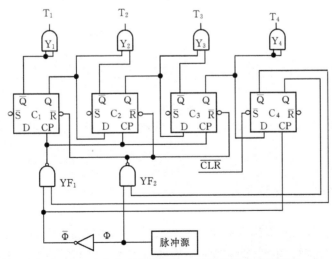

图 3-8　移位寄存器构成的 4 相节拍脉冲发生器图

到 0001 状态,开始一个新的循环周期。这种形式的节拍脉冲发生器之所以采用移位寄存器实现,是为了 $T_1 \sim T_4$ 没有毛刺。产生出的节拍波形图如图 3-9 所示。

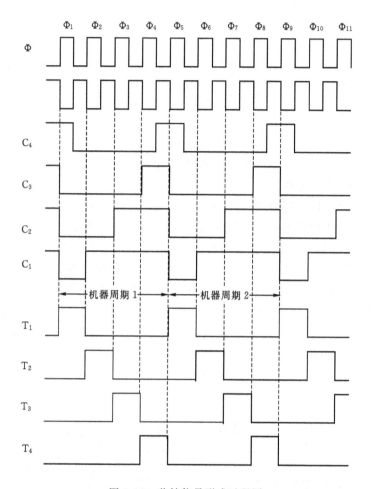

图 3-9 节拍信号形成过程图

通过上文,体会如何构成节拍脉冲发生器,然后,设计并实现你所需要的节拍脉冲发生器。

3.6.6 组合逻辑控制器的一般设计方法和步骤

组合逻辑控制器,又称硬连线控制器,它的实现方法是把控制器看作产生固定时序控制信号的逻辑电路,即实现控制数据通路操作的微操作信号是用组合逻辑电路构成。设计方法和步骤如下。

（1）绘制指令流程图

分析指令执行过程,按指令类型分类,将每条指令归纳成若干微操作,然后根据操作的先后次序画出流程图。

（2）安排指令操作时间表

给每一条指令的微操作序列分配相关的机器周期和节拍电位。要求尽量多的安排公共操作,避免出现互斥。

（3）安排微命令表

依照指令流程图,确定在哪个机器周期的哪个节拍有哪些指令要求哪些微命令。

（4）进行微操作逻辑综合

根据微操作时间表,将产生一个微操作的条件(所用的指令、机器周期、节拍和脉冲等)加以分类组合,列出各微操作产生的逻辑表达式,并加以简化。

（5）实现电路

根据所得逻辑表达式,用硬件电路来实现。

3.6.7　一个控制器设计方法(CU 的状态图描述法)的描述

上文是传统的设计方法的描述,它比较复杂(特别是复杂指令集,操作表,绘画),容易出错。

下文介绍了利用状态图来描述控制器的设计方法,称为"CU 的状态图描述方法"。该方法的优点:使用状态机清楚地描述指令执行过程、微操作与时序之间的关系,这种设计方法相对简单,最重要的是,它可以有效地用于解决一个棘手的问题:即在执行过程中,系统如何找出错误并改正错误。

3.6.7.1　设计思路和步骤

1. 基本设计思路

（1）利用状态图将各指令、微操作和时序联系起来;

（2）一个状态对应指令运行过程中时序信号的一个节拍;

（3）在一个状态中完成相关的若干个微操作。

2. 设计步骤

（1）根据指令的流程,为每一条指令写出微操作序列、微命令;

（2）设定每一个状态,依据微命令的分析及它所处的机器周期、节拍、脉冲时间;

（3）依据指令集状态的分析,画出(设计)用于描述控制器的状态机图。

3.6.7.2 分析指令执行过程

详细分析每个指令的执行,分配的机器周期和节拍,并用微操作序列的形式写出;详见下面的描述部分。

3.6.7.3 控制器微操作序列的设计

首先理解微操作的含义,写出相关的微操作序列。

(1)取值周期 P0

T0:PC→BUS→MAR,PC→LA,1→READ(1→CO)

T1:M(MAR)→MDR,ALU(LA+1)→Result

T2:MDR→BUS→IR

T3:Result→BUS→PC,IR→ID

(2)执行周期 P1

指令执行周期微操作序列(流程图)安排如下:

ADD R1,R2,R3

T0:R2→Buffer→LA

T1:R3→Buffer→LB

T2:ALU(LA + LB)→Result

T3:Result→BUS→R1

同理,可以写出其他指令的微操作序列。

根据微操作序列写出微命令,详细内容见下文,即控制器微命令的设计。

3.6.7.4 控制器微命令的设计

理解微命令的含义,写出相关的微命令。

(1)取指周期下的微命令

T0:PC→BUS,BUS→MAR,PC→LA,READ

T1:ALUOP=100

T2:MDR→BUS,BUS→IR

T3:Result→BUS,BUS→PC

(2)执行周期下的微命令:例如加法 ADD 指令

ADD 指令执行时的微命令

T0:R→LA

T1:R→LB

T2:ALUOP=000

T3:Result→BUS, BUS→RF

同理,可以写出其他指令的微命令。

注:基于以上对微命令的分析,绘制描述控制器的状态机图,即,设计控制器的

状态机图,详见下文。

3.6.7.5　控制器的状态图的设计

利用状态图可以清楚地描述控制信号(微命令)、指令流程和状态三者之间的关系(见图3-10)。

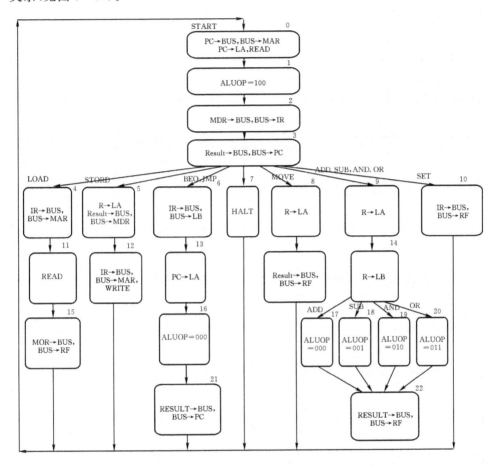

图 3-10　控制器的状态图

注:上图主要反映各个元素相互之间的关系,学生不必拘于框里的内容(框里的内容应该根据自己设计的内容来填写)。框与框之间的关系反映执行顺序,框内表示的是微命令,一个框在一个节拍中完成,一条指令由若干个框构成。

注:利用状态图进行控制器的设计过程。

每一个框里包含在一个节拍中的所有微命令操作,每一个框有一个标号,框与框之间是顺序执行的关系,一个框可以有一个(或若干个)输入和输出。

从上面的状态图可以看出,并非每条指令在执行周期都需要四个节拍,有的仅需要三个或者两个,有的甚至只需一个即可。

状态机每个状态所列的控制信号是指当控制器处于该状态时应当发出的控制信号。如状态2应取指周期的第三拍,此时从状态中可以看出控制器应发出的控制信号是 MDR→BUS,BUS→IR。

3.6.7.6 描述信号(微命令)和状态之间的关系

为了便于用硬件实现一个控制器以及后续的调试,需要找出各个控制信号(微命令)包含的相对应的状态机中的状态(状态编号);画出关系表,即,表可以分为两列,左列是控制信号的名称,右边的一列是包含对应控制信号的状态标号;见表3-2。

表3-2 控制信号与状态关系表

控制信号组合逻辑分析表	
控制信号名称	所包含的状态机状态编号
PC→BUS	0
BUS→MAR	0 4 12
R→LA	5 8 9
MDR→BUS	2 15
BUS→IR	2
PC→LA	0 13
BUS→PC	…
R→LB	…
BUS→MDR	…
ALUOP	…
RESULT→BUS	…
BUS→RF	…
PC→LA	…
BUS→LB	…
IR→BUS	…
READ	0 11
WRITE	…

上面的表分为两列,左列是控制信号的名称,右边的一列是包含对应控制信号的状态标号。如控制信号 BUS→MAR 包含状态0、4、12,即当控制器处于状态0、4、12 时将发出控制信号 BUS→MAR。后续的控制器控制信号产生电路就是根据

表 3-2 产生的。根据上表,可以构造出各个控制信号的硬件连接图,利用它们去控制执行部件,最终构成一个计算机系统。

3.7 控制器和系统的实现("组合逻辑"的设计方案)

在实现的过程中,是对设计过程中的内容进一步思考、细化和完善。比如,在实现中有什么困难,方案是否需要调整等。实现部分要将考虑的重点从"从上转而下",即具体电路的实现、突出微命令的产生、实现和时序的配合等具体问题。

根据前面的关系表,可以搭建出各个控制信号的硬件连接图。

3.7.1 控制信号产生电路的硬件实现方法

1. 逻辑电路图

结合状态机和表 3-2,构建控制信号(微命令)产生电路(逻辑电路)图(见图 3-11)。

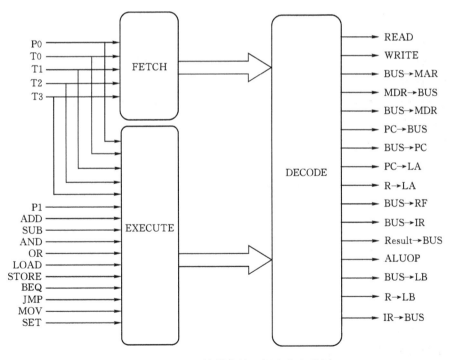

图 3-11 控制信号逻辑产生电路图

注:图中的矩形框是经过封装后的各个状态的电路图。

2. 硬件电路实现

根据逻辑框图就可以"画"出每一个微命令的实现电路,电路用"硬件"(图形编辑)方法实现,也可以用"软件"(VHDL代码编辑)实现。

3.7.2 系统各级电路的硬件实现

设计方法(步骤)可以看出是"自顶向下",而电路实现过程是先实现各模块后再级联。实现过程多采用"图形编辑"方式,这样更加体会出是一个"硬件"设计过程,也给同学们更多的思考思路。以下是各个层次电路的实现电路图。

(1)计算机系统(顶层)的硬件电路的实现(图略)

(2)计算机主机的硬件电路的实现

计算机主机由中央处理器(CPU)加上主存储器(MM)构成(图略)。

(3)CPU电路的实现

CPU由CU、ALU、RF、BUS、IR和MUX构成(图略)。

(4)PC电路的实现(图略)

(5) ALU电路的实现(图略)

(6)控制信号产生电路

控制信号(微命令)由相应的状态和指令(OP)的译码共同形成(图略)

(7)各部件的VHDL代码的实现

各模块的功能可以继续通过"图形编辑"的方式形成,也可以通过编写VHDL代码的方式完成。如实现"时序电路"的代码,见下例。

"时序电路"的代码实现:

```
LIBRARY IEEE;
USE IEEE.STD_LOGIC_1164.ALL;
ENTITY sequence_dianping IS
PORT ( clk :  IN   STD_LOGIC;
          RESET:      IN   STD_LOGIC;
          T:             out STD_LOGIC_VECTOR( 3 DOWNTO 0);
          P:        out STD_LOGIC_VECTOR(1 DOWNTO 0)
     );
END sequence_dianping;
ARCHITECTURE rtl OF sequence_dianping IS
      signal  T_tmp:std_logic_vector(3 downto 0);
      signal  P_tmp:std_logic_vector(1 downto 0);
```

```vhdl
BEGIN
    PROCESS(clk,RESET)
        VARIABLE count1:INTEGER RANGE 0 TO 1 ：= 0;
        VARIABLE count2:INTEGER RANGE 0 TO 7 ：= 0;
BEGIN
    IF RESET = ˋ1ˊ THEN
        T_tmp(3 DOWNTO 0) < = "0000";
        P_tmp(1 DOWNTO 0) < = "00";
    ELSIF  RISING_EDGE(clk)then
        IF count2 = 0     THEN
                case P_tmp is
                when "00" = > P_tmp < = "01" ;
                when "01" = > P_tmp < = "10" ;
                when "10" = > P_tmp < = "01" ;
                when others = > P_tmp < = "01";
                end case;
        END IF;
        count2：= (count2 + 1) MOD 8;
        IF count1 = 0 THEN
                case T_tmp is
                when "0000" = > T_tmp < = "0001" ;
                when "0001" = > T_tmp < = "0010" ;
                when "0010" = > T_tmp < = "0100" ;
                when "0100" = > T_tmp < = "1000" ;
                when "1000" = > T_tmp < = "0001" ;
                when others = > T_tmp < = "0001";
                end case;
        END IF;
        count1：= (count1 + 1) MOD 2;
    END IF;
END PROCESS;
    T< = T_tmp;
    P< = P_tmp;
END rtl;
```

第 **3** 章 计算机系统的设计与实现(组合逻辑设计方案)

"译码器"电路的代码实现：

```
library ieee;
use ieee.std_logic_1164.All;
entity decoder_10 is
        port(
                G:IN std_logic;
                A,B,C,D:IN std_logic;
                q0:OUT std_logic;
                q1:OUT std_logic;
                q2:OUT std_logic;
                q3:OUT std_logic;
                q4:OUT std_logic;
                q5:OUT std_logic;
                q6:OUT std_logic;
                q7:OUT std_logic;
                q8:OUT std_logic;
                q9:OUT std_logic
                );
        end decoder_10;
architecture bhv of decoder_10 is
        signal q_tmp:std_logic_vector(3 downto 0);
        signal q_out:std_logic_vector(9 downto 0);
                begin
                        q_tmp < = A&B&C&D;
                        - - q_out < = q_out;
                        process(G,q_tmp)
                                begin
                                        if(G = 1)then
                                                case q_tmp is
                        when "0000" = > q_out < = "0000000001";
                        when "0001" = > q_out < = "0000000010";
                        when "0010" = > q_out < = "0000000100";
                        when "0011" = > q_out < = "0000001000";
                        when "0100" = > q_out < = "0000010000";
```

```
                              when "0101" = > q_out < = "0000100000";
                              when "0110" = > q_out < = "0001000000";
                              when "0111" = > q_out < = "0010000000";
                              when "1000" = > q_out < = "0100000000";
                              when "1001" = > q_out < = "1000000000";
                              when others = > q_out < = "ZZZZZZZZZZ";
                   end case;
          else
                   q_out< = "ZZZZZZZZZZ";
          end if;
end process;
q0< = q_out(0);    - - -    以下关系
q1< = q_out(1);
q2< = q_out(2);
q3< = q_out(3);
q4< = q_out(4);
q5< = q_out(5);
q6< = q_out(6);
q7< = q_out(7);
q8< = q_out(8);
q9< = q_out(9);

end bhv;
```

注:本模块以下层次的电路实现就不一一列出了。

以上过程说明了硬件电路可以分层次,实现过程中有两种编辑方式可以采纳,其中"画电路图"的方式更加直观,调试时时序关系也较容易掌握。

3.8 控制器的仿真测试

电路实现后,下一步的工作就是对电路和指令的正确性进行测试。

(1)电路的测试:一般通过静态测试,或用逻辑笔、逻辑分析仪检查一些信号的状态(电位)。

(2)指令的测试:通过执行指令,观察运行后的结果,如,仿真波形、输出的状态和参数等;通过仔细分析波形可以判断电路的正确与否(注意波形的关键参数比较)。

3.9　存储器的设计要点

(1)画出主存储器构成电路(模块)图;

(2)画出波形图(详细的标出它的技术指标及各波形之间的关系参数);

(3)实现的方法:利用硬件描述语言产生、IP核等,也可以直接利用开发装置中的芯片;

(4)器件的功能仿真和调试。

3.10　系统的调试

(1)静态调试:一般可通过开发装置上的指示灯观测,每按一次CLK脉冲,检测数据、地址和控制总线的状态(值)。

(2)动态仿真调试:通过观察波形,分析各信号的时序关系及输出的结果。

注意:要处理好CU与各功能部件和主存储器之间的时序关系。参见后续实例。

第4章 计算机系统设计方法和步骤（微程序设计方案）

4.1 设计思路和步骤

引入 ASM 图进行控制器及系统的设计和调试：

（1）指令集的设计；

（2）系统硬件电路的设计；

（3）各功能部件的描述；

（4）指令流程图及数据通路图的描述；

（5）控制器的设计；

（6）中断部件的设计；

（7）系统的实现（编程实现电路）。

4.2 指令集的设计

因为当今流行的指令系统都是多年来"优胜劣汰"下来的，比较固定，与大家学过的内容变化不大，所以我们可以走"捷径"，等到自己掌握到一定程度，再去设计"有特色"、"高难度"的指令。

本节以 MIPS32TM 指令集为依据，发挥自己的"想象"，对其进行精简、增删，来确定自己的指令系统。

MIPS32TM 指令集将指令分为以下几类：算术运算指令（21 条）、分支跳转指令（14 条）、指令控制指令（2 条）、访存指令（17 条）、逻辑运算指令（8 条）、移动指令（8 条）、移位指令（6 条）和中断指令（14 条）。

4.2.1 指令类型

1. 算术运算指令

ADD 加

SUB 减

MUL　乘

DIV　除

这些算术运算指令都是实现有符号的运算。

2. 逻辑运算指令

AND　与

NOT　非

与运算和非运算构成了一个最小完备集,可实现其他任何的逻辑运算。

3. 移位指令

SRL　逻辑右移

由于逻辑左移和算术左移是一样的,而且算术左移可通过乘法来实现,故不设专门的逻辑左移和算术左移。同理,也不设专门的算术右移。

4. 数据传送指令

LDR　从存储器到寄存器或把立即数存到寄存器

STR　从寄存器到存储器

这两条指令实现立即数、存储器及寄存器之间数据的相互传送。

5. 分支及跳转指令

BEQ　相等时分支

BGTZ　大于时分支

JMP　无条件跳转

这三条指令也构成了一个完备集,可实现所有比较运算下的分支和跳转。

6. 中断指令

SET　设置中断屏蔽位

7. 处理机控制指令

STI　中断允许标志置 1

CTI　中断允许标志置 0

HALT　停机

4.2.2　指令的格式及其实现的操作

举例如下:

ADD　RS,RD

instruction format:

OP

0000	000	RS	000	RD

Operation：RD← RS＋RD

Note：OP 为操作码，指令字长 16 位；RS(3bit)为源操作数所在的寄存器，RD(3bit)为目标操作数所在的寄存器。

其他指令描述略。

4.3 系统硬件电路的设计

4.3.1 系统电路图的设计

在确定了指令集后，就可以初步确定完成这些指令所需的相关部件，即根据指令去"定"结构，然后设计电路。一开始设计系统电路有困难，学生也可以寻找一些书上已有的"经典"电路，然后在此基础上进行修改完善，如，本例参照某书上的电路图（重点观察其结构及有关 SEXT 扩展数据位器件和选择器 MUX 的使用方法）来实现所要求的全部功能，见图 4-1。

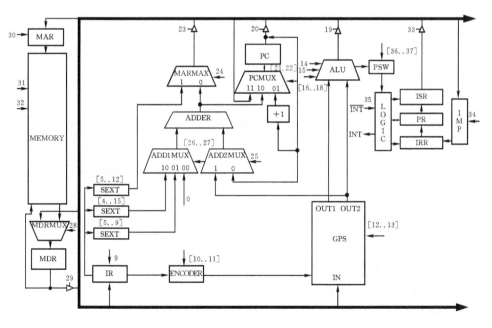

图 4-1　系统电路图

4.3.2 各微命令信号的含义及功能

对已有电路的控制信号的功能进行分析,如:

9# 控制 BUS→IR

10#～11# 控制寄存器号译码器

00# 控制寄存器号译码器直接输出,选择 R7,R7 专为保存断点

01 控制寄存器号译码器选择 IR 中 7～9 位作为寄存器的编号

10 控制寄存器号译码器选择 IR 中 10～12 位作为寄存器的编号

11 控制寄存器号译码器选择 IR 中 13～15 位作为寄存器的编号

12#～13# 控制寄存器组的输入输出

00   *

01   IN

10   OUT1

11   OUT2

15# 控制 TRA 直接将 LA 的数据送出,不经过运算

16#～18# 控制 ALU

000   ADD

001   SUB

010   MUL

011   DIV

100   AND

101   NOT

110   SRL(左移用乘法实现,算术右移用除法实现)

19# 控制 ALU→BUS

20# 控制 PC→BUS

21～22# 控制 PCMUX 三路选择

23# 控制 MARMUX→BUS

24# 控制 MARMUX

选择信号来自两路:

一路:选立即数 5～12 位扩充 16 位送出;

另一路:左选择器选择偏移量,右选择器选择基地址(来自 RF),然后相加得到内存地址。

25# 控制 ADDR2MUX

26～27# 控制 ADDR1MUX 可去掉一位

28# 控制 MDRMUX 它来自两路 MM,RF

29# 控制 MDR→BUS

30# 控制 BUS→MAR

31# 控制存储器读

32# 控制存储器写

33# 控制 ISR→BUS

34# 控制 BUS→IMR

35# 控制/INT

36# ～37# 控制 IF

4.3.3　主要部件的描述

完善以上电路模块的功能并画出以下单元电路的图,标出引脚名称,详细叙述它的功能。

1. ALU 的设计

2. 通用寄存器组 GRS（又称 GF）

GRS 寄存器组共有 8 个寄存器。即 R0～R7,其中 R7 专门为中断时保护 PC 的值。要选通某一个寄存器,需要接受从寄存器号译码器发送来的要选通的寄存器的编号。12、13 为 CU 发来的控制信号(见图 4-2)。

通用寄存器组采用一组共 16 个 D 触发器的方法来实现,这样就可以用来存储 16 位的数据。但必须加一些用于控制的逻辑门,从而实现对寄存器访问的控制。

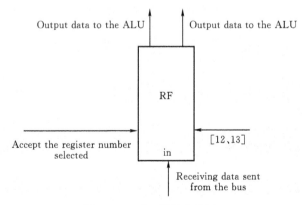

图 4-2　GRS 逻辑电路图

3. 多路选择器

多路选择器在多路数据传送过程中,能够根据需要将其中任意一路选出来。在计算机系统中,共设计了 5 个多路选择器,分别是 PCMUX、ADD1MUX、ADD2MUX、MARMUX、MDRMUX。其中 PCMUX 和 ADD1MUX 是 3 选 1 多路选择器,而 ADD2MUX、MARMDX 和 MDRMUX 为 2 选 1 多路选择器,但其设计的原理是一样的。

4. SEXT 扩展数据位器件

三个 SEXT 器件用于实现将 IR 指令寄存器中的立即数取出,并扩展到 16 位,指令中立即数占 16 位中的低位部分。

5. 寄存器地址译码器(ENCODER)

寄存器地址译码器用于将三位寄存器编号译码为 8 位寄存器的选通信号。

6. 中断机构电路框图(见图 4-3)

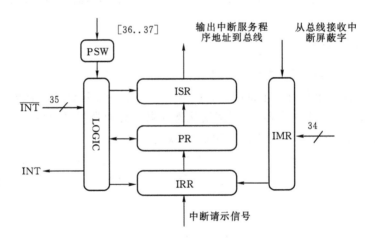

图 4-3 中断机构电路框图

中断机构由以下部件构成:

中断服务寄存器(ISR):接收中断请求信号后,产生对应的中断处理程序的首地址。

优先权判断器(PR):在 CPU 发送中断查询信号 $\overline{INT}$ 时根据中断请求寄存器发来的请求进行优先权判断,选出优先级最高的中断请求信号传送给中断服务寄存器。

中断请求寄存器(IRR):用来接收中断请求信号。

中断屏蔽寄存器(IMR):用来屏蔽中断请求寄存器的相应位。

控制逻辑（LOGIC）：在中断允许时控制优先权判断器进行优先级判断，并接收反馈信号，以判断是否有中断发生。在确认中断响应后，清除中断请求寄存器相应的位。34～37均是CU的控制信号。

7. 时序的选择和时序部件

微程序设计计算机控制器的时序要比组合逻辑设计控制器的时序简单得多。我们知道，在组合逻辑设计控制器的时序里，是周期、节拍、脉冲三级时序。在微程序设计方案中一般用两级时序，即指令周期和微周期及若干个打入脉冲，即在一个微周期里，CPU执行一次数据通路的操作，它发出一条微指令所需要的全部微命令（可以看成是节拍电位），以及在一个微周期中包含有若干个打入脉冲，根据每个部件及整体系统运行来确定某一个部件是否要脉冲配合。

在设计时，一般每个微周期包含若干个（如4个）节拍脉冲，如图4-4所示。

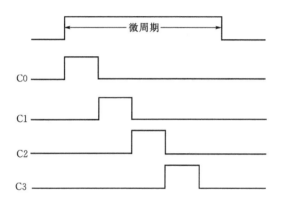

图4-4 微周期、节拍脉冲关系图

时序部件通常由脉冲源、节拍电位发生器和启停逻辑三部分构成。在微程序控制的计算机里没有节拍（电位）。下面讨论脉冲源和启停逻辑电路配合工作过程。

4.4　指令流程图及数据通路图的描述

列出每一条指令流程图及数据通路图，以指令 STR RS, offset（BASE）为例。

功能操作：(Base)＋ offset←RS

（1）描述指令的流程。

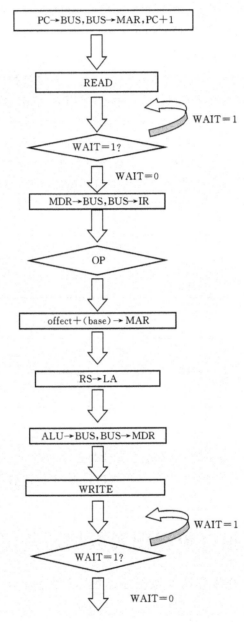

图 4-5 指令 STR RS, offset (BASE)流程图

（2）指令执行时经过的相关部件

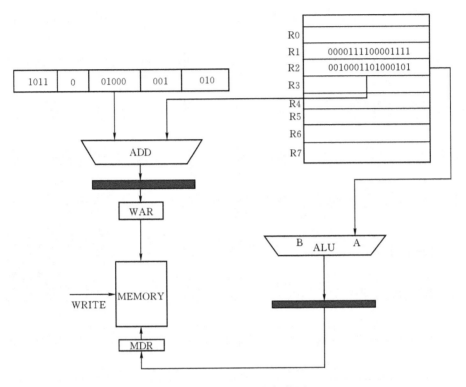

图 4 - 6　指令流经的部件图

　　（3）在取指和执行指令的过程中，在实际电路上分别画出每一条指令流经的部件的轨迹并标注序号，数字标号表示对应第几条微指令执行时所用的控制信号及数据流动轨迹。

4.5　控制器的设计

4.5.1　控制器的设计思路

　　可以将 CU 看成一个状态机，它在外部输入的决定下，随着输入脉冲，从一个状态到另一个状态不停地变化。每一个状态都对应一条微指令，可以发出对应的微命令的信号，这样就可以控制整个计算机系统有条不紊地进行工作。每一个状态的标号就是一条微指令的地址，一个状态到另一个状态的变化过程其实就是执

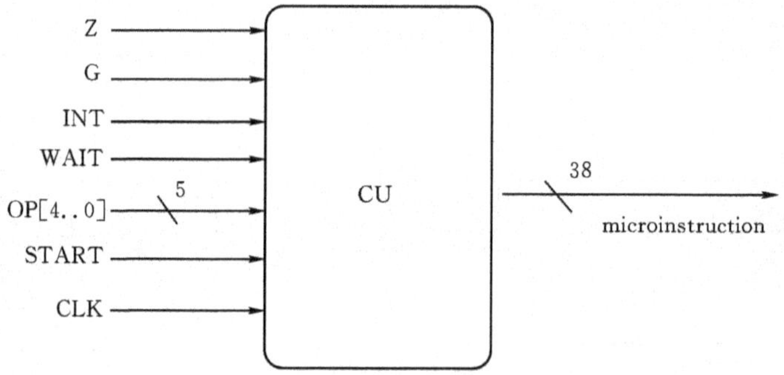

图 4-7 控制器

行完一条微指令取下一条微指令的过程。

在设计的过程中,可以将时序部件与 CU 结合在一起。

CU 每一个状态的维持时间即为一个微指令周期,在这个周期内,发出对应状态的所有的微操作工作脉冲。

CU 由两部分构成,一部分是一个地址译码器,它的主要功能是寻找微指令的地址;另一部分是控存,用于存放微指令。

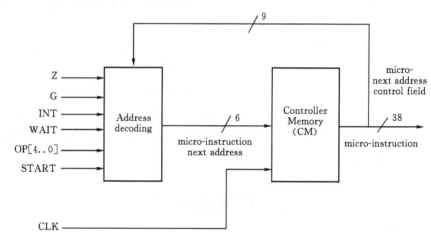

图 4-8 控制器构成模块图

4.5.2 控制器 ASM 图的设计

每个框表示一个状态,每一个状态完成一条微指令的功能。整体 ASM 图是以指令的流程来设计的,所以需要将每一条指令的执行过程仔细分析(见图 4-9)。

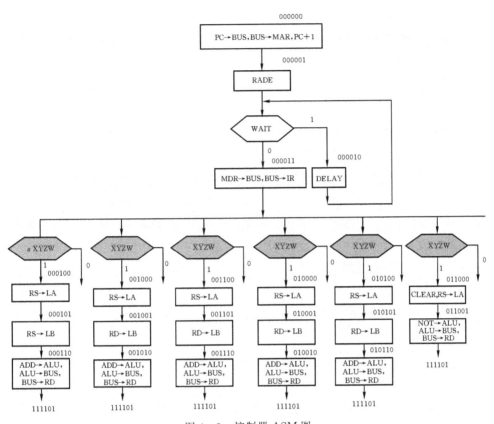

图 4-9　控制器 ASM 图

注:图的其他部分略去,学生主要理解画 ASM 图的思路和方式。

4.5.3　微程序的设计

1. 微指令的基本格式

微操作控制字段	下一个微地址字段

一开始设计时,微操作控制字段可以采用水平型微指令,因为相对简单明了。即微指令中的每一位直接连接到对应器件的控制端(使能端),如,第 $0\sim5$ 位是用于指明下一条要执行的微指令的微地址;第 $6\sim8$ 位是微地址转移控制字段,它们的含义如下:

000　　无条件转移

001　　根据 OP 转移

010　　根据 Z 转移

011　　根据 G 转移

100　　根据 INT 转移

101　　根据 WAIT 转移

2. 下一条微指令的微地址的产生

过程及要点：

方法：根据控制转移字段的编码的组合，确定微指令下地址

格式：微下地址控制字段包括两部分：

控制转移字段	下地址（微地址）字段

分析：控制转移字段共包含 3 位，共有八种组合码（用了其中的 6 种）。不同组合下的散转条件为：

000　　无条件转移

001　　根据 OP 转移

010　　根据 Z 转移

011　　根据 G 转移

100　　根据 INT 转移

101　　根据 WAIT 转移

形成：

（1）微下地址控制字段法即在无条件转移时，微指令下地址即为下一条微指令的地址；

（2）在其他情况时，要将微指令下地址与相应的条件结合来产生下一条微指令的地址。图 4-10 说明了微下地址的产生过程。

模块图：

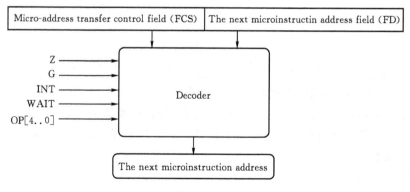

图 4-10　微指令下地址产生模块图

4.5.4　画出微程序代码表

要求:画出每一条指令与其对应的微指令的每一位的状态、当前地址、下地址及转移条件(字段)之间的关系(表)。

4.6　计算机系统的实现

4.6.1　系统实现(集成)方法的选择

系统的实现(集成)可以采用电路图连线的方法(如案例1),也可以采用软件编码(VHDL)方法实现进行,本方案完全采用 VHDL 语言进行实现(集成)。限于篇幅,各部件的设计代码和仿真波形不一一列出,只给出顶层计算机主机的设计代码及相关的调试记录。

4.6.2　设计计算机(主机)系统

对系统进行说明:系统由顶层加若干个底层的模块构成,完全用硬件描述语言实现,层次之间的模块通过映射连接起来,系统底层各模块名称如下:

G0：timing. part G1：cu . G2：add1mux . G3：add2mux . G4：adder . G5：alu port. G6：bus_entity . G7：encoder . G8：int_entity G9：ir G10：mar G11：marmux G12：mdrmux G13：mem G15：pcmux G16：psw G17：regfile G18：sext1 G19：sext2 G20：sext3

4.6.3　编写测试程序

写出测试程序,针对每一类指令及对主存和中断等功能进行验证(汇编或机器码形式)。

画出波形图并详细分析(功能和时序),即指出每一条指令中的微指令在哪一个周期、节拍完成的动作及与微操作是如何配合的。

4.7 总线和外设接口的设计

(1)总线传输框图如图 4－11 所示，它将几种不同的设备挂在总线上，如，存储器、缓冲器、输入设备、输出设备等。由于在 FPGA 的内部没有三态输出控制结构，因此必须采用在芯片外部加"三态寄存器"加以控制。按照传输要求，有序的控制它们，使每一时刻只有一对部件使用总线，实现总线信息传输。

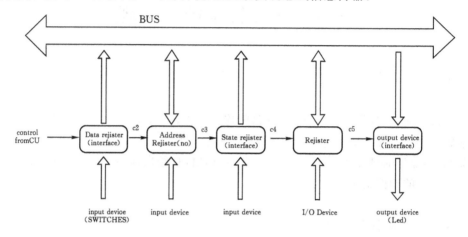

图 4－11 总线和外设接口示意图

(2)可以通过三态缓冲器(寄存器)将总线和外设相连。

外设与总线的传输，只要有三类信息就可以了：数据、寄存器号码(地址)和状态。

CU 可以接收来自控制台的输入设备(实验装置的开关)的信息(开关量)，也可以将运行的结果传送出去(实验设备的指示灯)，从而达到了人机交互的目的。

通过以上的设计，就构成了一台完整的计算机系统，"麻雀虽小，五脏俱全"。它可以使学生们真正掌握一台计算机的运行机制，也为今后更加复杂的系统的设计开阔了思路，打下了坚实的基础。

第5章 实践总结

5.1 结果分析

以控制器的设计方案为基础将系统分成两种设计思路和方法,提供两种方法有助于学生思路的全面展开,实验结果都可以实现指令集的功能。但它们的实现有各自的特点。

其一,偏重"硬件"的设计。它从硬件开始设计,系统的核心部件,即控制器,采用组合逻辑设计方案,系统的集成也基本用硬件的编辑方法产生,所以系统的运行速度快。通过对状态图的使用,给我们的设计和调试带来了清晰的思路及较大的方便。但要修改系统(硬件模块和指令集)就比较繁琐,需要重新进行系统的设计。此法适合对硬件电路比较熟悉的人。

其二,偏重"软件"设计。它从软件(用硬件描述语言编程)开始设计,系统的核心部件,即控制器,采用微程序设计方案,系统部件的集成用程序语言实现,所以系统的速度相对慢一些。通过利用 ASM 给我们的设计和调试也带来了清晰的思路及较大的方便,而且可以比较容易地通过更换程序代码来改变机器的性能(增加/减少/优化功能),即优化指令集可以通过更换控存中的代码来实现,更换部件也可以更换相应模块的代码。此法适合对用硬件描述语言编程比较熟悉的人,且对各部件之间的关系非常清楚,否则也会给系统的集成和调试带来困难。

5.2 经验分析

(1) 在整个项目中,方案设计的开发量占据大的比重(一般"课程设计"中,学生往往不注重方案的设计过程,而强调实现的过程)。

(2) 必须克服浮躁情绪,浮躁情绪是绝大多数学生会犯的错误。

(3) 在实践过程中真正理解一些抽象的概念,即在实践中学习。

(4) 小组中要有一个人来负责全局的任务,协调每一个人的工作;每一个人要主动学会配合小组的任务,以此达到"事半功倍"之效,同时也培养了各自的协作能力。

（5）遇到困难是正常情况，而且常常使工作无法继续下去，这时要多思考多询问，只有坚持，才能获得成功，才能有真正的收获和喜悦，也才能体会到一个计算机系统运行的内在机制。

（6）出现以上问题的原因：

学生对某些抽象概念的理解往往似是而非，缺乏感性认识；

学生没有经过"系统设计"这一环节的训练，希望通过本设计方案的使用，能给学生的系统设计和实现提供一些有益的参考；

编程技能较强，"硬件"设计较弱。

（7）系统的设计要求对底层部件的功能和设计都非常熟悉，学生一开始很难达到这个要求。

第二篇 VHDL 语言基础及实例

第 6 章 VHDL 语言基础及实例

VHDL 语言的学习(编程),可先从词汇、对象、类型、运算符、句子、程序的顺序开始,快速掌握其概念、含义等知识,通过实践,逐步掌握其要领。在学习这些"要素"之前,先了解 VHDL 程序的架构,建立起一个 VHDL 程序的整体认识。

6.1 VHDL 程序的结构

6.1.1 VHDL 程序的"构件"

实体声明(Entity):用于描述所设计的系统的外部接口信号,即描述了设计实体外部的接口;

结构体(Architecture):用于描述系统内部的结构和行为,即描述了设计实体内部的功能;

库(Library):存放已编译好的实体、结构体、程序包和配置;

程序包(Package):存放各设计实体能共享的数据类型、常数和子程序等;

配置(Configuration):用于描述实体与结构体之间的连接关系。

6.1.2 设计实体

VHDL 语言描述的硬件对象,无论其电路规模大小,都称为设计实体。

设计实体是 VHDL 程序的基本设计单元,也是电路模块(系统)的一种抽象。它可以描述很简单的电路,如一个门电路,也可以描述复杂的数字系统,如计算机主机等。

描述一个设计实体，主要考虑两个问题：①输入、输出端口（数量、特性）的确定；②内部功能的描述。下面通过一个简单电路（D 触发器）的功能实现，来说明 VHDL 程序的基本结构。

D 触发器的设计

（1）输入、输出的确定

本例中，D 触发器含有三个输入：数据输入端 D（位数 1bit），数据输出端 Q（1bit）；时钟信号 CLK，复位信号 RST。

（2）内部功能的描述

本例完成了 D 触发器的功能：当时钟信号 CLK 产生上升沿的时刻，输入信号的状态（值）传至输出端 Q，否则，保留原状态；复位信号 RST 有效使输出 Q 清零。D 触发器的电路见下图 6-1。

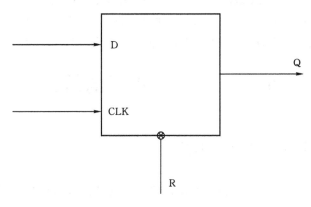

图 6-1　D 触发器电路图

（3）VHDL 程序代码

```
1   library ieee;              - - 打开 ieee 库
    use ieee.std_logic_1164.all;  - - 打开 std_logic_1164 程序包

4   Entity Dff is              - - 实体声明开始
    Port(D  : in std_logic;    - - 输入,数据端 D
       Clk  : in std_logic;    - - 输入,时钟信号
       Reset : in std_logic;   - - 输入,复位信号
       Q  : out std_logic);    - - 输出,数据端 Q
9   End Dff;                   - - 实体声明结束
10  Architecture A of Dff is       - -结构体开始
```

```
          Begin
13   Process(Rst,Clk)              － － 进程语句开始
       begin
           if Rst = ´0´ then            － － 复位
                    Q ＜ = ´0´;
              elsif clk = ´1´and clkevent then － －表示产生CLK的上升沿
           Q ＜ = D;
           end if;
20   end process;
     End A;                   － － 结构体结束
```

注：上述程序代码描述了一个电路的功能，它的 VHDL 程序架构可由库声明、包说明、实体说明(Entity Declaration)和结构体(Architecture Body)四部分构成。

第 1 行表示本程序声明(或称打开)用户要使用的库：ieee；

第 2 行声明的是打开(调用)了 ieee 库中的包(package)：std_logic_1164；

第 4～9 行是设计实体的声明，它描述了模块(电路)的外特性；

第 5～9 行是在 entity 之内的 port 语句，表示模块(电路)外部的引脚 pin 信号及其属性；

第 10～21 行是结构体，它描述了模块的内部功能，以一个保留字"architecture"为开端，以"End A"结束；而在"architecture"与"begin"之间的为内部信号的声明区；

第 13～20 行是进程语句。

6.1.3   库的说明

人们总是要尽量使用已有的、可利用的公共资源，以减低开发成本。库和程序包 package 就是一些可以公用的资源，要使用它们，就要先声明("打开")，再"调用"他们。

(1)含义：库是将预先定义过的数据类型、子程序、设计实体、结构体、配置说明、程序包说明和程序包体等资源汇集起来的模块。

(2)Library 用法：它用于"打开"库，库声明语句的格式如下：

library 库名；

例   如果在你的程序中要使用 ieee 库，可用以下的方式声明：

library ieee；

(3)VHDL 语言的库(经编译后的数据集合)的种类：

设计库：预定义标准库 STD 和 WORK 库，它包含了符合 VHDL 语言标准的两个标准程序包（STANDARD 和 TEXTIO 程序包）；可随时使用，不需定义。

IEEE 库：美国电气电子工程师协会认可的标准库，使用前需要定义，它包含"STD_LOGIC_1164"、"std_logic_1164"、"std_logic_unsigned"等常用的包的集合。

用户库：用户自己建立的 VHDL 库，使用前需要定义，见后文实例。

常用库及程序包对照表，见表 6-1。

表 6-1　库及程序包对照表

库名	程序包名	包中预定义内容
std	standard	VHDL 类型，如 bit，bit_vector
ieee	std_logic_1164	定义 std_logic，std_logic_vector 等
ieee	numeric_std	定义了一组基于 std_logic_1164 中定义的类型的算术运算符，如"+"，"−"，SHL，SHR 等
ieee	std_logic_arith	定义有符号与无符号类型，及基于这些类型上的算术运算
ieee	std_logic_signed	定义了基于 std_logic 与 std_logic_vector 类型上的有符号的算术运算
ieee	std_logic_unsigned	定义了基于 std_logic 与 std_logic_vector 类型上的无符号的算术运算

6.1.4　程序包说明

含义：程序包是数据类型、函数和通用元件的集合。

Use 用法：Use 用于声明程序包。其声明语句的格式如下：

Library 库名；

Use 库名.程序包名.项目名；（Use package. used parts）

Use 库名.程序包名.ALL；（Use package. all parts）

例　如果在你的程序中要调用 std_logic_1164 程序包，可以先打开 ieee 库，接着调用该库中的特定包，格式如下：

Library ieee；　　　　　－－ 打开 ieee 库

USE IEEE.std_logic_1164.ALL；－－ 调用 std_logic_1164 程序包

注：上文中的 std_logic_1161(package)后面的"ALL"的字样，表示在此 package 中的所有内容都可以使用。当然如果你只使用某个 package 中的一小部分时，

可改用 package. used parts 声明方式。

例 在程序中只使用 std_logic_1164 package 中的标准逻辑类型 std_ulogic，可用以下格式：

Use ieee.std_logic_1164.std_ulogic

例 如果需调用多个程序包，格式如下：

Library ieee;

USE IEEE.std_logic_1164.ALL；

USE IEEE.std_logic_unsigned.ALL； －－调用 std_logic_unsigned 程序包

USE IEEE.std_logic_arith.ALL； －－调用 std_logic_arith 程序包

……

注：每个程序开头至少有以上两条语句。

一般情况下，库中放置多个程序包，程序包中放置一些子程序，子程序又含函数、过程、设计实体等。

一个设计实体中允许同时打开多个不同的库、包。

6.1.5 实体

(1)含义：Entity 的作用是描述设计实体的外部特性，即用来设定电路模块的接口(其输入和输出信号的数量、特性)。

(2) 实体声明的书写格式：

entity 实体名 is

［generic（类属参数表）;］

［port(端口信号表)；］

end［实体名］；

①类属参数的书写格式：

GENERIC(端口名{，端口名}:［IN］子类型 ［:=初始值］

{；端口名{，端口名}：［IN］子类型 ［:=初始值]})；

类属参数(generic)含义：一是它可以从外部传送一个参数，经由 generic 传入来改变设计实体的内部结构和规模；二是用来规定一个实体的外端口的大小、元件的数量、实体的物理特性(数据类型通常取 Integer 或 Time)，它必须放在 PORT 端口之前。类属参数说明常用来设计通用元件。

例 GENERIC (m=:time=1ns)； －－ m 为参数；用户根据需要设置，现设为 1。

TEMP<= D0 AND sel AFTER M； －－表示 D0 AND sel 操作经延迟 1ns 后送 TEMP。

②端口的书写格式：

Port(端口名,…,端口名:模式 数据类型;

　　　　　　　端口名,…,端口名:模式 数据类型;

　　　　　　　　　　　　⋮

　　　　　　　端口名,…,端口名:模式 数据类型)

(a)端口名:

电路外部引脚的名称,通常用英文字母加数字命名,如 d0,A1, En, clk, LD,用 VHDL 语言所描述的每一个输入输出端口必须分别用不同的名字。

(b)端口模式:

用来决定信号的流动方向,常用以下四种形式:

IN　　输入,信号进入实体但不输出;

OUT　　输出,信号离开实体,并且不能在有内部反馈情况下使用;

INOUT　　双向,信号是双向的(既可以进入实体,也可以离开实体);

BUFFER　　缓冲,信号输出到实体外部,同时也可在实体内部反馈。

端口模式如图 6-2 所示(黑框代表一个电路模块的端口)。

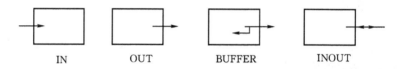

IN　　　　　OUT　　　　BUFFER　　　　INOUT

图 6-2　端口模式图

其默认(缺省)模式为输入模式;端口可将实体连接在一起,端口可以看成是一个信号,对应于"元件"的引脚(pin);端口跟普通信号不同,说明时省略了关键字 signal;OUT 模式和 BUFFER 模式的区别在于 OUT 端口不能用于被设计实体的内部反馈,BUFFER 端口能够用于被设计实体的内部反馈。

例　"二选一"选择器的实体声明。

输入:两个数据端 D0、D1,一个数据选择端 sel;

输出:一个数据端 Q;

实现功能:MUX2_1_result $<=$ (a1 and sel) or (a2 and /sel);

实体描述:

Entity MUX2_1 is　　　　　　――"mux2_1"为实体名

Generic (M: Time: = 1ns);　――　名称 M;类型 Time(时间量);设定初
　　　　　　　　　　　　　　　　　　值 1ns;

Port(a1,a2,sel: IN Bit;　　　――　端口;三个输入;模式 IN;类型 Bit;

　　　Y: OUT Bit);　　　　　――　输出;模式 OUT;类型 Bit;

End MUX2_1;

图示:电路框图见图6-3。

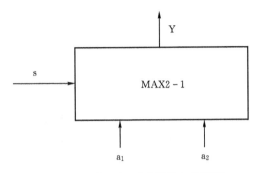

图6-3 "二选一"选择器电路框图

6.1.6 结构体

(1)含义

结构体用来描述设计实体内部的具体操作,实现电路模块的逻辑功能。同一个实体可以定义不同的构造体,如,行为描述、RTL和门级结构的描述。

(2)结构体的一般格式如下

ARCHITECTURE 结构体名 OF 实体名 IS

［定义语句］;

BEGIN

构造体语句;   —— 构造体语句为并行执行语句

END 结构体名;

定义语句:用于对构造体内部使用的信号、常量、数据类型和函数的定义(声明);在这里所声明的对象,仅在 architecture 内有效。

例如:signal 信号名 :数据类型

并行处理语句:描述构造体的行为和功能;包括:进程语句、并行语句、信号赋值、块语句、子程序调用语句及元件例化语句等。

注:并发处理语句是功能描述的核心部分,是编程的重点。并发语句是同时执行的,与语句排列顺序无关。

例 二选一选择器的设计。

library ieee;

use ieee.std_logic_1164.all;

Entity MUX2_1 is − −"mux2_1"的实体描述

```
Generic ( M: Time: = 1ns );
Port( a0,a1,sel: IN Bit;
        Y: OUT Bit);
End MUX2_1;
Architecture struct Of MUX2_1 is －－ struct 为结构体名,结构体声明开始
Signal tmp: Bit;              －－ tmp 为暂存器,信号名
Begin
AA: PROCESS (a0,a1,sel)       －－ 进程语句开始,a0,a1,sel 为敏感信号
      Variable tmp1,tmp2,tmp3: Bit; －－变量声明
      Begin
      tmp1: = a0 AND sel;
      tmp2: = a1 AND (NOT sel);
      tmp3: = tmp1 OR tmp2;
      tmp < = tmp3;
      Q< = tmp AFTER M;         －－ 延迟 M ns
   END PROCESS;
END struct;                     －－ 结构体声明结束
```

6.1.7　结构体三种描述方法

结构体有 3 种描述方式:行为描述、结构描述和数据流描述。

（1）行为描述:用抽象的电路的行为进行描述,可以不考虑电路内部的硬件构成;行为描述的程序特点是大量采用算术运算、关系运算、惯性延时和传输延时描述,有些描述难以综合。

（2）结构描述:多层次的元件构成的描述,体现了各层次电路之间的硬件连接关系。

（3）数据流描述:又称 RTL 描述,它以寄存器器件为基础的描述方式,体现出各个寄存器器件之间的数据流动。

对于初学者,一开始可以行为描述为主;对于硬件掌握比较好的同学可以结构描述为重。但设计者脑中要有电路的整体构架,因为你是在设计硬件。在一个结构体中,三种描述可以任意组合。

例　二选一多路选择器的行为描述程序。

```
LIBRARY IEEE;
USE IEEE.STD_LOGIC_1164.ALL;
```

```
ENTITY mux21 IS
  PORT(
    a,b : IN STD_LOGIC;
    sel: IN STD_LOGIC;                    --选择端
    y: OUT STD_LOGIC
    );
END ENTITY mux21;
ARCHITECTURE behav OF mux21 IS
  BEGIN
      PROCESS(a,b, sel)
          BEGIN
              IF sel = '0' THEN y< = a;
                  ELSE
                  y< = b;
              END IF;
      END PROCESS;
END ARCHITECTURE behav;
```

例 二选一多路选择器数据流描述程序。

```
LIBRARY IEEE;
USE IEEE.STD_LOGIC_1164.ALL;
ENTITY mux21 IS
  PORT(
    a,b : IN STD_LOGIC;
    sel: IN STD_LOGIC;
    y: OUT STD_LOGIC
    );
END ENTITY mux21;
ARCHITECTURE dataflow OF mux21 IS
    BEGIN
              y< = (a AND (NOT sel)) OR (b AND sel);
    END ARCHITECTURE dataflow;
```

例 四选一多路选择器结构描述程序。

设计过程见第三篇实验二内容。

注:①结构体内部要求使用并行语句;每个并行语句可视为一个独立的模块,

一个完整的电路是由若干个模块构成。

②编程时要想到电路是由"硬件模块"组成的,各模块(元件)之间是通过信号线相连。在 VHDL 语言中,各 process 语句、各并行执行语句之间也是通过信号(线)来传递"信号"的,并且是"并行"的关系。时序电路中的各信号是通过时钟信号来同步的。由于结构体中的各并行执行语句都是独立的电路块,因此禁止 2 个或者 2 个以上的并行语句对同一个信号赋值。

6.1.8 VHDL 语言构造体的子结构

规模较大的系统电路往往分成几个子模块来描述,结构更清楚、简单。VHDL语言有这样的功能,它是通过"子结构"来描述的,即一个构造体可以用几个独立的子结构来构成。它们是:PROCESS 语句结构、SUBPROGRAMS 语句结构和BLOCK 语句结构,我们在并行语句章节学习。

6.2 VHDL 的基本词汇元素

以下词汇构成了 VHDL 程序的基本要素。

6.2.1 标识符

标识符用来命名 VHDL 中的对象,它的命名的规则如下:

(1)只能用字母表中的字母(A~Z,a~z)、数字(0~9)和下划线"_"来命名;

(2)第一个字符必须是字母;

(3)不能连续使用 2 个下划线"_",也不能用下划线"_"字符结束;

(4)命名时不要与 VHDL 中的保留字相同,以免造成混乱;

(5)标识符不区分大小写,但"Z"代表高阻态,必须大写;

(6)注释符从"--"开始到该行末尾结束,所注释的文字不作为语句来处理,不描述电路硬件行为,不产生硬件电路结构。设计中应当对程序进行详细的注释,以增强可读性。

6.2.2 保留字

一些标识符在 VHDL 中被保留起来,用在模型中做特殊用途。VHDL 语言的关键字(保留字)含义见下表 6-2。

表 6 - 2　VHDL 语言的关键字一览表

关键字	名词解释	关键字	名词解释	关键字	名词解释
ABS	取绝对值	IF	条件语句如果	RECORD	记录性
ACCESS	用户自定义的类型的存取	IMPURE	不规范的	REGISTER	寄存器
ALIAS	别名	INERTIAL	固有	REM	取余数
ALL	用于程序报说明语句表全部	INOUT	双向端口	RETURN	返回
AND	与	IS	描述实体、结构体的关键字	ROL	逻辑循环左移
ARCHI-TECTURE	结构体	LABEL	标号	ROR	逻辑循环右移
ARRAY	数据型	LIBRARY	设计库	SELECT	选择
ASSERT	断言语句	LINKAGE	方向不确定	SEVERITY	错误严重级别
ATTRIB-UTE	属性	LITERAL	按字母顺序	SIGNAL	信号
BEGIN	用于结构体表开始	LOOP	LOOP 顺序表述语句	SHARED	共享
BLOCK	块语句	MAP	映射	SLA	算术左移
BODY	包体	MOD	求模	SLL	逻辑左移
BUFFER	缓冲端口	NAND	与非	SRA	算术右移
BUS	总线	NEW	新的、新建、新写入	SUBTYPE	子类型定义语句
CASE	CASE 循环语句	NEXT	跳出本次循环	THEN	于是
COMPO-NENT	元件	NOR	或非	TO	从左至右依次递增
CONFIGURA-TION	配置	NOT	取反	TRANS-PORT	传送
CONSTANT	常量	NULL	空	TYPE	类型定义语句
DISCON-NECT	无关联	OF		UNAF-FECTED	不采取任何措施

关键字	名词解释	关键字	名词解释	关键字	名词解释
DOWNTO	从左至右依次递减	ON	信号等待	UNITS	基本单位
ELSE	其他的…	OPEN	打开	UNTIL	直到…
ELSIF	其他的如果	OR	或	USE	使用
END	结束	OTHERS	用于 IF 语句表未列出的其他条件	VARIABLE	变量
ENTITY	实体说明	OUT	输出端口	WAIT	WAIT 语句，无限等待
EXIT	终止本次循环，开始下一次循环	PACKAGE	程序包	WHEN	WHEN 条件语句，当…
FILE	文件	PORT	端口说明	WHILE	WHILE 语句，循环条件
FOR	循环语句	POST-PONED	延迟	WITH	用于选择赋值语句开头
FUNCTION	函数	PROCE-DURE	过程	XNOR	同或
GENERATE	生成语句	PROCESS	进程	XOR	异或
GENERIC	类书参数说明；参数传递说明	PURE	纯的如 PURE REAL 纯实数		
GUARDED	用于块结构中选择项判断并做出相应动作	RANGE	对属性项目取值区间进行测试，返回一个区间		

6.2.3 特殊符号

用于表示操作符:单符号♯、&、、<、>、+、－、、:、;、( )、"、[ ]及双符号:=、/=、< >、<=、 >=等。

6.2.4 数字

在 VHDL 程序中,有几种数字的写法:

(1)整数写法:例,321;

(2)实数写法:例,10001.01、321.5;

(3)指数表示法:例,2E4 表示 2 乘 10 的 4 次方(用字母"E"或"e"表示 10 的乘方);

(4)非 10 基的表示法:例,数字 255 几种不同的表示法:2♯11111111♯（2 进制)、16♯FF♯（16 进制)、8♯0377♯（8 进制)。

6.2.5 字符

在 VHDL 中字符的写法是用单引号括起来,例如,′A′（大写字母)、′‘′（标点符号单引号)等。

常用的字符是′0′、′1′和′Z′,分别代表低电平、高电平和高阻态。

6.2.6 字符串

一串字符的组合,由双引号括起来,例如,"00000111"、"error"等。

6.2.7 位串

表示一串二进制数的数值的组合,表示方式为:以代表基数的字符开始,双引号把一串二进制数据括起来,例:B"00000111"、O"007"（8 进制,8 为基数)、X"07"（十六进制,16 为基数)

6.2.8 注释

解释句子的含义并且不进行综合,从"－－"开始,有助于代码的理解。

6.3　VHDL 的对象

在 VHDL 语言设计中,常用的数据对象为信号、常量、变量,文件;数据对象称为客体。

6.3.1 常量(常数)

它在 VHDL 描述中保持某一规定类型的特定值不变,是全局量。如,常用来初始化参数;设置不同模值的计数器等。

〔语句格式〕:

   constant 常量名:数据类型 := 表达式;

例 constant delay:TIME:= 20ns;这里常量赋值符号为":=";

   constant width:INTEGER:= 32;定义寄存器数据宽度为 32 位;

6.3.2 变量

程序中临时使用的数据,用于保存中间结果;只能在进程语句内部、函数语句和过程语句结构中使用。它是一个局部量,没有并发特性。例如,可以用变量作为一个数组的下标;在进程语句中,变量只在给定的进程中用于声明局部值或用于子程序中,可以是任意类型。

〔语句格式〕:

variable 变量名:数据类型 约束条件 := 表达式;

数据类型后的":="是赋值符,表示将表达式的值赋给变量名所代表的变量。

例 variable x, y, z: integer;

variable counter:integer range 0 to 7 := 0;赋值符号为":="。

变量赋值立即生效,不产生附加延时。

6.3.3 信号

信号是连接进程与其内部信号的"桥梁",是模块电路内部连线的抽象。它在 VHDL 程序设计中非常重要,通常在构造体、包集合和实体中说明。信号是全局量,在构造体内部,信号需用 signal 声明,而不需注明数据流向;在构造体外部,信号(端口中声明的信号)说明时可省略 signal,但要注明数据流向(IN、OUT、BUFFER、INOUT)。信号也可在状态机中表示状态变量。信号赋值符号为"<="。

〔语句格式〕:

signal 信号名 1,信号名 2,…,信号名 n:数据类型;

例 signal D0,D1, D2 : std_logic_vector(31 downto 0);

说明了 3 个信号都是 32 位,数据类型为 std_logic_vector。

signal C : integer: = 0;

C< = FF;

说明了该信号的声明和赋值。

6.3.4　信号和变量的区别

信号是硬件中连线的抽象描述,元件之间是利用信号连接起来的。变量与硬件(元件、信号)没有物理上的对应关系,它用于暂存中间结果。信号的传输有时间延迟,而变量没有。

进程(PROCESS)语句只对"敏感信号"反应。

若定义一个信号数组,在对数组中的信号赋值时,可以使用一个变量作为数组的下标;如果设计一个 N 位寄存器,可以使用一个变量作为循环语句的循环变量,控制寄存器中 D 触发器的数目。

信号和变量值的赋值形式不同,操作过程也不同。例如,在变量的赋值语句中,变量的赋值符为": =",该语句一旦被执行,其值立即被赋予变量。在执行下一条语句时,该变量的值就为上一句新赋的值。而信号赋值语句采用"< ="赋值符,该语句即使被执行也不会使信号立即发生赋值。下一条语句执行时,仍使用原来的信号值。由于信号赋值语句是同时进行处理的,因此,实际赋值过程和赋值语句的处理是分开进行的。

例　观察变量和信号赋值在时间上的差别。

```
process( a,b,c,d)
begin
  d < = a;
  x < = b + d;
  d < = c;
  y < = b + d;
end process;
  结果
  x < = b + c;
  y < = b + c;
process(a,b,c)
variable d: std_logic_vector(3 downto 0);
begin
```

```
    d : = a;
    x < = b + d;
    d : = c;
    y < = b + d;
end process;
    结果
    x < = b + a;
    y < = b + c;
```

在本例的第一个进程中,最初赋给 d 中值是 a,延迟一段时间又赋值 c;但是,由于赋值时仿真软件暂不处理,进程语句结束后再处理。因此 d 的最终值应为 c,这样 x 和 y 的内容都为 b + c。

在本例的第二个进程中,d 是变量。在执行"d : = a"语句以后,a 的值立即被赋给 d,所以 x 为 b + a。此后又执行"d : = c",从而使 y 为 b + c。从这里可以看出,信号量的值将进程语句最后所赋值的值作为最终赋值。而变量的值一经赋值就变成新的值。这就是变量赋值和信号赋值在操作上的区别。

6.4 VHDL 的数据类型

从以上数据对象(常量、变量、信号等)的说明语句格式中看到,使用数据对象时都要确定数据类型,即确定数据对象的取值范围;因为 VHDL 是一个强类型语言,它要求在赋值语句中的数据对象的数据类型必须匹配;不同的数据类型不能直接赋值,需要转换。而且,数据对象操作的类型必须和该对象的类型相匹配。

VHDL 有两大类数据类型:其一是标准数据类型,VHDL 提供的已经预先定义好的数据类型,使用不需要另外声明;其二是设计者自定义的数据类型。

6.4.1 标准的数据类型

标准的数据类型共 10 种,见表 6 - 3。

数据类型	含　义
整数（integer）	整数的表示范围从－$(2^{31}-1)$到$(2^{31}-1)$即－2147483647～2147483647，例：＋101，－3232
实数（real）	浮点数，－1.0E＋38～＋1.0E＋38
位（bit）	位值用字符'0'或者'1'表示，位与整数中的 1 和 0 不同，'0'和'1'仅表示一个位的两种取值，位不能用来描述三态信号
位矢量（bit_vector）	多位"0"和"1"的组合；位矢量是用双引号括起来的一组位数据。例如："00110"，X"00BB"。这里，位矢量最前面的 X 表示是十六进制，可方便地表示总线状态
布尔量（boolean）	逻辑"真"或逻辑"假"：true 和 false；主要用于条件判断
字符（character）	ASCII 码表示的 128 个字符；用单引号括起来，如'A'、'f'等等。常用的字符是'0'、'1'和'Z'，它们分别代表低电平、高电平和高阻态。字符'A'与整数 1 和实数 1.0 是不同的
时间（time）	物理量；由时间量和单位组合而成；例：20ns，时间单位：fs，ps，ns，μs，ms，sec，min，hr
错误等级（severity level）	Note，warning，error，failure
自然数（natural）正整数（positive）	≥0 的整数，＞0 的整数
字符串（string）	字符矢量；它是由双引号括起来的一个字符序列，例如"successful"、"error"等，常用于语句的提示

（1）bit 和 bit_vector 位和位矢量

VHDL 标准中只定义了 bit 和 bit_vector，而 bit 只能取"0"和"1"，给设计带来限制：

（a）不能描述三态；

（b）不能使同一信号具有多个驱动源；

（c）不能给信号赋未知值；

（d）不能给信号赋无关值。

解决方法：由 IEEE 制定了标准化数据类型，见 6.4.2 节中两个重要的数据类型。

（2）integer、real 及 time 类型它们属于在 Standard package 中定义的标量型数据类型，其声明方式如下：type name is range low_range to high_range;

例　Type integer is range －2147483648 to 2147483647;

（3）在 Standard package 中整数的取值范围：－2147483648 到 2147483647，也就是－2^{31}～2^{31}－1 之间的整数。real 数据类型的范围更广：－1e308～1e308。

(4)Time 类型的范围与 integer 是一样的,但它定义了八种时间单位,分别是 hr、min、sec、ms、μs、ns、ps 及 fs;用来指定模型中的延时。

例　type time is range －2147483648 to 2147483647

　　　　Units

　　　　fs;

　　　　ps = 1000 fs;

　　　　ns = 1000 ps;

　　　　us = 1000 ns;

　　　　ms = 1000 us;

　　　　sec = 1000 ms;

　　　　min = 60 sec;

　　　　hr = 60 min;

　　end units;

上述 time 数据类型的定义中,有一个关键字 units。在 units 与 end units 之间所包含的是单位变换时数值上所要做的处理。

6.4.2　两个重要的数据类型

(1)Std_logic(1 bit)类型,它是 std_ulogicd 的子类型,具有 9 种不同的值;常利用它的'0'(低)、'1'(高)、"Z"(高阻)"X"(不定)几种状态。

(2)std_logic_vector(n bit)类型常用于总线的描述。

例　signal DataBus：std_logic_vector(31 downto 0);定义数据总线为 32 位;它们放在 ieee_std_logic_1164 程序包中;这两种数据类型在我们的设计中应用最多。

(3)std_ulogicd 类型;

例　TYPE std_ulogic IS('U', －－ Uninitialized

　　　　　　'X', －－Forcing Unknown

　　　　　　'0', －－Forcing 0

　　　　　　'1', －－Forcing 1

　　　　　　'Z', －－High Impedance

　　　　　　'W', －－Weak Unknown

　　　　　　'L', －－Weak 0

　　　　　　'H', －－Weak 1

　　　　　　'－' －－Dont care

　　　　　　);

6.4.3　用户定义的数据类型

VHDL 允许用户自己定义数据类型,它们包括:枚举类型、整数类型、实数类型、数组类型、记录类型、存取类型、文件类型等。

自定义的数据类型的书写格式如下:

格式:type 数据类型名〔,数据类型名〕数据类型定义;

(1)枚举类型(enumerated type)

含义:把类型中的各个元素都枚举列表出来。

特点:它是用符号来替代编码值(如2进制编码),这样直观地提高了程序的可读性。

格式:TYPE 数据类型名 IS(元素 1,元素 2,…);

例　type boolean is(false, true);

type traffic-light is(red,yellow,green);

常用枚举类型来描述状态机的一组状态,便于识别。

(2)整数类型、实数类型

含义:将数限制在某个范围内。

注解:在标准的数据类型中已经有整数和实数的数据类型,这里可以看做是它们的子集,一般用于一些设计的特殊要求。

格式:TYPE 数据类型名 IS 数据类型约束范围

例　type data is integer range 0 to 15;使整数的范围缩小;

(3)数组类型(array type)

定义:相同类型的数据的集合,从而形成的一个新的数据类型,称其为数组。

说明:数组中的元素可以是 VHDL 语言的任何一种数据类型;可以是一维或多维数组,多维数组要用多个范围来描述。但多维数组不能生成逻辑电路,EDA工具不能用多维数组进行设计综合,只能用于设计仿真和系统建模。

格式:TYPE 数据类型名 IS ARRAY 范围 OF 原数据类型名;

例　Type A51 is array (4 downto 0) of std_logic;

表示一维数组(5 行 1 列,每个元素为一位)

Type A53 is array (4 downto 0) of std_logic_vector(2 downto 0);

表示一维数组(5 行 1 列,每个元素为三位的位矢量)

Type A563 is array (4 downto 0, 5 downto 0) of std_logic_vector

(2 downto 0);

表示二维数组(5 行 6 列,每个元素为三位的位矢量)

(4)记录类型(record type)

定义：几种不同的数据类型组合成了一个新的数据类型，称其为记录。

注解：记录中的每个元素通过字段名访问；记录中的元素可以是相同或不同的类型；适用于仿真，不能用于综合；从记录中提取元素的数据类型应该用"．"。

格式：TYPE 数据类型 IS RECORD

       元素名：数据类型名；

       元素名：数据类型名；

      END RECORD；

例　一个记录人员数据（包括姓名、身份证号、性别及年龄）的 Record 的数据类型：

```
type Member_Record is record
    Name: string;
    Id_Num: integer;
    Sex: std_logic;
    Age: integer;
end record;
```

这是一个 Record 的数据类型，包括四个成员（元素），其中有三种不同的数据类型。使用时，你只要声明了一个信号，让其数据类型属于 Member_Record，那就含有以上四种成员了。记录中的每一个成员（元素）都可以单独访问。

例　首先我们声明一个信号 Member，让其数据类型为 Member_Record，我们就可以访问 record 内的任何一个成员了：

```
Signal Member : Member_Record;
    Member.Name <= "zhangshan";
    Member.Id_Num <= 710049;
    Member.Age <= 22;
```

（5）存取类型（access type）

定义：存取类型也称为寻址类型，给新对象分配或释放存储空间，与高级语言中使用的指针类似。在 VHDL'93 语言标准 IEEE std_1076 的程序包 TEXTIO 中定义了一个存取类型。

TYPE line IS ACESS string；

表示类型为 line 的变量，它的值是指向字符值的指针。只有变量才能定义为存取类型。

例　VARIABLE pointer : line；

只能用于仿真，不能被综合。

（6）文件类型（files type）

定义：其所声明的数据对象是一个文件。文件对象的值是系统文件中值的序

"计算机组成与设计"实验教材——基于设计方法、VHDL及例程

068

列。文件对象不能直接赋值,只能通过子程序进行操作来改变其内容。

格式:TYPE 文件类型名 IS FILE 行为描述语句;

文件操作函数:FILE_OPEN()、FILE_CLOSE()、READ()、WRITE()、END-FILE()。

(7)复合型数据类型

复合型数据类型是由一些基本的数据类型所组成,以 Array 的类别为例声明:

type type_name is array(array_range)of base_type;

一个二维的内存的声明:

type MemRoom is array(0 to 1023) of std_logic_vector(31 downto 0);

signal RAMData : MemRoom;

上文声明了一种数据类型 MemRoom,宽度为 32bit,std_logic_vector 类型,深度为 1024。再声明一个数据类型为 MemRoom 的信号 RAMData,即是 1KX32bit 的 memory。

6.4.4 用户定义的子类型

含义:由用户自己给数据类型加以限制,形成的新的数据类型。

格式 : SUBTYPE 子类型名 IS 数据类型名 范围;

例 设计一个256 * 8 bit 内部存储器,基于数组类型的存储器阵列的描述如下:

......

ARCHITECTURE behave of RAM IS

SUBTYPE byte IS std_logic_vector(7 downto 0);

TYPE memory is array(0 to 255)OF byte;

signal sram:memory;

begin

......

6.4.5 数据类型转换

在 VHDL 中,数据类型的使用有非常严格的限制,不同类型的数据不能进行运算和直接带入。解决的办法是:数据类型的转换。具体使用两种方式:类型标记转换法和类型转换函数法,见下文。

VHDL 语言的包集合提供了一些数据类型转换函数,见表 6 - 4。

表 6-4 数据类型转换函数

函数名	功能
std_logic_1164 包集合 To_stdlogicvector(A) To_bitvector(A) To_stdlogic(A) To_bit(A)	Bit_vector → std_logic_vector (位矢量类型转换成标准逻辑位矢量类型) std_logic_vector→ Bit_vector Bit → std_logic Std_logic→ bit
std_logic_arith 包集合 Conv_std_logic_vector(A,位长) Conv_integer(A)	Integer, unsigned, signed→Std_logic_ vector Unsigned, signed→ integer
std_logic_unsigned 包集合 Conv_integer(A)	Std_logic_vector → integer

两种转换方法：

(1) 类型标记转换法

VARIBLE a：INTEGER；

VARIBLE b：INTEGER；

a：= INTEGER(b)；

b：= REAL(a)

注：①类型和其子类型之间不需要转换；

②枚举类型不能使用类型标记的方式进行转换；

③数组类型之间的转换要求维数相同。

(2)类型转换函数法

例　A 为 bit_vector,

B 为 std_logic_vector(0 to 7),

C 为 integer range 0 to 7；

当把 A 赋给 B 时,必须使用转换函数 to_stdlogicvector(A)

B<= To_stdlogicvector(A)

当把 B 赋给 C 时,

B <= Conv_std_logic_vector(C,8)

6.5　运算符

VHDL 语言中的句子都是由运算符和各种运算对象组合而成,运算符也称为操作符,各种运算对象也称操作数。在 VHDL 语言中共有 4 类操作符,可以分别进行逻辑运算(Logical)、关系运算(Relational)、算术运算(Arithmetic)和并置运算(Concatenation),见表 6－5、表 6－6、表 6－7。

表 6－5　算术操作符表

类　型	操作符	功　能	操作数数据类型
算术操作符	＋	加	整数
	－	减	整数
	&	并置	一维数组
	*	乘	整数和实数(包括浮点数)
	/	除	整数和实数(包括浮点数)
	MOD	取模	整数
	REM	取余	整数
	SLL	逻辑左移	BIT 或布尔型一维数组
	SRL	逻辑右移	BIT 或布尔型一维数组
	SLA	算术左移	BIT 或布尔型一维数组
	SRA	算术右移	BIT 或布尔型一维数组
	ROL	逻辑循环左移	BIT 或布尔型一维数组
	ROR	逻辑循环右移	BIT 或布尔型一维数组
	＊＊	乘方	整数
	ABS	取绝对值	整数
	＋	正	整数
	－	负	整数

表 6－6　关系、逻辑操作符表

类　型	操作符	功　能	操作数数据类型
关系操作符	＝	等于	任何数据类型
	/＝	不等于	任何数据类型
	＜	小于	枚举与整数类型及对应的一维数组
	＞	大于	枚举与整数类型及对应的一维数组
	＜＝	小于等于	枚举与整数类型及对应的一维数组
	＞＝	大于等于	枚举与整数类型及对应的一维数组

类　型	操作符	功　能	操作数数据类型
逻辑操作符	AND	与	BIT,BOOLEAN,STD_LOGIC
	OR	或	BIT,BOOLEAN,STD_LOGIC
	NAND	与非	BIT,BOOLEAN,STD_LOGIC
	NOR	或非	BIT,BOOLEAN,STD_LOGIC
	XOR	异或	BIT,BOOLEAN,STD_LOGIC
	XNOR	异或非	BIT,BOOLEAN,STD_LOGIC
	NOT	非	BIT,BOOLEAN,STD_LOGIC

表 6－7　操作符优先级表

运　算　符	优　先　级
NOT, ABS, ＊＊	
＊, ／, MOD, REM	
＋（正号）, －（负号）	最高优先级
＋, －, ＆	⇧
SLL, SLA, SRL, SRA, ROL, ROR	最低优先级
＝, ／＝, ＜, ＜＝, ＞, ＞＝	
AND, OR, NAND, NOR, XOR, XNOR	

注：A and B 运算操作：若 A 与 B 都为 T 时，A and B 的值才会等于 T，其余状态下的值均为 F。

例　signal a,b,c,d:std_logic;

　　　signal d,e,f,g,h,i,j:std_logic_vector(2 downto 0);

　　　c＜＝a or b and d;　　　　　－－逻辑运算符

　　　i＜＝(j OR E) AND (f NOR g) OR h;　　－－逻辑运算符

上式无括号的逻辑运算，从左边两个操作数做起；有不同运算符时，先做括号内的运算，后做括号外的运算。

并置运算符"＆"用于位的连接。例如，将 4 个 1 位用并置运算符"＆"连接起来就可以构成一个具有 4 位长度的位矢量。

例　signal en:bit;

　　　signal Z,b:std_vector(3 downto 0);

$$Z <= b \text{ and } (en \& en \& en \& en);$$

有了以上这些基本元素就可以构成句子了,但要依照相关的句型和语法规则。严格来说,应该遵守 EBNF 范式,组合元素形成正确的 VHDL 程序。

VHDL 的句子按其执行顺序分为:顺序语句和并行语句。

顺序语句(Sequential Statements)和并行语句(Concurrent Statements)是 VHDL 程序设计中两大基本描述语句系列。在 VHDL 的设计中,这些语句完整地描述数字系统的硬件结构和基本逻辑功能,其中包括通信的方式、信号的赋值、多层次的元件例化以及系统行为等。

6.6 VHDL 的顺序语句

[含义]:每一条顺序语句的执行(指仿真执行)顺序是与它们的书写顺序基本一致的,但其形成的硬件逻辑的运行结果不一定按序执行。这里,需要读者仔细分析 VHDL 语言的软件行为及描述综合后的硬件行为间的差别。

[应用范围]:顺序语句总是处于进程或子程序的内部,由它定义进程或子程序所执行的算法。语句的功能操作有算术、逻辑运算、信号和变量的赋值、子程序调用等。顺序执行语句是"按序执行"的。

[种类]:

WAIT 语句;

ASSERT 语句;

信号赋值语句;

变量赋值语句;

IF 语句;

CASE 语句;

LOOP 语句;

NEXT 语句;

EXIT 语句。

6.6.1 wait 语句

wait 语句的四种类型:

格式:wait   无限等待

wait on 敏感信号表   称为敏感信号等待语句,在信号表中列出的信号是等待语句的敏感信号。当处于等待状态时,敏感信号的任何变化(如从 0~1 或从 1~0

的变化)将结束挂起,再次启动进程。

wait until 条件表达式　称为条件等待语句,该语句将把进程挂起,直到条件表达式中所含信号发生了改变,并且条件表达式为真时,进程才能脱离挂起状态,恢复执行 WAIT 语句之后的语句。

wait for 时间表达式　由时间表达式所规定的时间使进程暂停,时间到时进程启动(不可综合,在仿真中使用)。

解释:WAIT 语句通常在进程中使用。运行时,处于"执行状态"或"挂起状态"。敏感信号和 WAIT 都可以作为进程的启动、触发条件,为避免进程产生误触发,在进程语句中,敏感信号和 WAIT 不能共存于一个进程中。

例　D 触发器的描述。

```
process              - - 使用 wait on 语句
      begin
              y < = clk or t;
              wait on clk,t;
      end process;
      end example;
```

同理,D 触发器的描述

```
              process(clk,t)     - - 使用 process 语句
      begin
              y < = clk or t;
      end process;
```

以上两种描述是等价的。

6.6.2　断言 (assert)语句

断言语句用于仿真,用于调试中进行人机会话,它可以给出一个文字串为警告和错误信息。ASSERT 语句的书写格式为:

格式:ASSERT 条件[REPORT 输出信息][SEVERITY 级别];

说明:条件为真,向下执行;条件为假,输出错误信息(信息中的字符串用" "),以及错误等级。VHDL 错误级别有:failure, error, warning, note。

例　　　ASSERT value< = max value

　　　　REPORT " value too large "

6.6.3 信号赋值语句

实现数据信号的传递,它在进程和子程序中使用,所以,称之为顺序语句。

格式:目的信号量 <= 信号量表达式(值);

含义:将右边信号表达式的值赋予左边的目的信号。

说明:"<="和关系操作的"<="形式相同,其含义需由上下文区别;代入符号两边的信号量的位长度应一致。

例 signal_name <= expression or value;

注:在进程内,信号的赋值(不用时钟沿驱动)是"顺序语句";在进程外,几个信号赋值语句是并行执行的。

6.6.4 变量赋值语句

该语句表明,目的变量的值将由表达式所表达的新值替代,但是两者的类型必须相同。目的变量的类型、范围事先应给出。右边的表达式可以是变量、信号或字符。该变量和一般高级语言中的变量是类似的,例如:

a := 2;

b := d + e;

变量值只在进程或子程序中使用,它无法传递到进程之外。因此,它类似于一般高级语言的局部变量,只在局部范围内有效。

格式:目的的变量 := 表达式;

含义:目的变量的值将由表达式的新值替代

说明:变量赋值只能在进程或子程序中使用,无法传递到进程之外。目的变量的类型、范围事先应给出。右边的表达式可以是变量、信号或字符。

例 a:=2+c; b:="11101011";

6.6.5 if 语句

if 语句是根据所指定的条件来确定执行顺序,通常可以分成 3 种类型。

1. 单 if 语句(门闩控制)

格式:if 条件 then

顺序处理语句;

end if;

含义:判断"条件"是否成立。如果条件成立,则执行下句("顺序处理语句");如果条件不成立,程序将跳过下一句("顺序处理语句"),即跳出 if 语句去执行后继的语句。这里的条件起到门闩的控制作用,

例 if 语句描述的 D 触发器。

```
process(clk)
        begin
if(clkevent and clk = ´1´)then
        q< = d;
        end if;
    end process;
```

其中,若条件句( )检测结果为 TRUE,则向信号 OUTPUT 赋值 1,否则此信号维持原值。

2. if... then... else 语句(二选择控制)

格式:if 条件 then
  顺序处理语句;
  else
  顺序处理语句;
  end if ;

含义:当 if 语句所指定的条件满足时,将执行 then 和 else 之间的顺序处理语句。当 if 语句所指定的条件不满足时,将执行 else 和 end if 之间的顺序处理语句。即,用条件来选择两条不同程序的执行路径。

说明:这种格式可用来实现二选一电路。

例 用 if 语句来描述的 2 选 1 电路。

```
process(a,b,sel) - - 输入为 a 和 b,选择控制端为 sel
    begin
        if(sel = 1´) then
         c < = a; - - 输出端 c
        else
         c < = b;
        end if;
    end process;
```

注意:如果 if 语句条件是不完全指定的(即 if 语句不带有 else 部分),则隐含指明要生成基本元件触发器或者锁存器;如果 if 语句条件是完全指定的(即 if 语句带有 else 部分,则隐含指明生成组合逻辑。如果 case 语句的条件是不完全指定

的,也隐含指明生成锁存器,但是这个锁存器由组合逻辑加反馈构成,不是基本元件。

上例中应用了进程语句 process()…end process;它构成了一个"模块"。

3. 多选择控制

格式:if 条件 then
顺序处理语句;
elsif 条件 then
顺序处理语句;
 …
else
顺序处理语句;
end if ;

含义:设置了多个条件,当满足所设置的多个条件之一时,就执行该条件后的顺序处理语句。如果所有设置的条件都不满足,则执行 else 和 end if 之间的顺序处理语句。

注:①if 语句常用于选择、比较和译码等场合;

②if 后的条件判断,输出为逻辑量,即"真"或"假",故条件表达式中只能使用关系运算:=,/=,>,<等,也可用逻辑运算操作的组合表达式。

例 用多选择 if 控制语句进行四选一数据选择器描述。

```
library ieee;
use ieee.std_logic_1164.all;
entity mux4 is
port(input:in std_logic_vector(3 downto 0);
sel:in std_logic_vector(1 downto 0);
     y:out std_logic);
end mux4;
arcitecture rtl of mux4 is
  begin
    process(input,sel)
      begin
        if(sel = "00")then
          y < = input(0);
        elsif(sel = "01")then
          y < = input(1);
```

```
            elsif(sel = "10")then
              y <= input(2);
            else
              Y <= input(3);
            end if;
          end process;
      end rtl;
```

if 语句不仅可以用于选择器的设计,而且还可以用于比较器、译码器等凡是可以进行条件控制的逻辑电路设计。

6.6.6 case 语句

格式:case 表达式 is
    when 条件表达式=>顺序处理语句;
        ...
    end case;
四种形式:
    when 值=>顺序处理语句;
    when 值|值|...|值=>顺序处理语句;(表示"或")
    when 值 to 值=>顺序处理语句;
    when others=>顺序处理语句;

含义:case 语句根据满足的条件直接选择多项顺序语句中的一项执行。它适应于对状态图的定义、状态间的转换(枚举类型)的描述。case 语句是编程时常用的句型。

例 用 case 语句描述 4 选 1 多路选择器。

```
LIBRARY IEEE;
USE IEEE.STD_LOGIC_1164.ALL;
ENTITY MUX41 IS
  PORT(S1,S2: IN STD_LOGIC;
   A,B,C,D: IN STD_LOGIC;
      Z: OUT STD_LOGIC);
END ENTITY MUX41;
ARCHITECTURE ART OF MUX41 IS
    SIGNAL S :STD_LOGIC_VECTOR(1 DOWNTO 0);
```

```
BEGIN
  S< = S1 & S2;
PROCESS(S1,S2,A,B,C,D)
BEGIN
  CASE S IS
      WHEN "00" = >Z< = A;
      WHEN "01" = >Z< = B;
      WHEN "10" = >Z< = C;
      WHEN "11" = >Z< = D;
      WHEN OTHERS  = >Z< = X;
      END CASE;
    END PROCESS;
END ART;
```

上例说明选择器的描述不仅可以用 if 语句,而且也可以用 case 语句。两者的区别:前者,先处理最起始的条件,如果不满足,再处理下一个条件;而在 case 语句中,没有值的顺序号,所有值是并行处理的,值不能重复使用。另外,应该将表达式的所有取值都列举出来。一般加上"when others"语句。

通常在 case 语句中,when 语句可以颠倒次序而不至于发生逻辑错误;而在 if 语句中,颠倒条件判别的次序往往会使综合的逻辑功能发生变化。

6.6.7 Loop 语句(循环)

(1)格式:[标号:]for 循环变量 in 循环次数范围 loop

例　Lsum: for i in 1 to 9 loop

　　　sum: = i + sum;

　　　end loop Lsum;

说明:用于重复次数已知的情况。

(2)格式:[标号]:while 条件 loop

　　　　顺序处理语句;

　　　　　end loop;

说明:用于重复次数未知的情况。

6.6.8　next 语句

格式：next［标号］［when 条件］；

说明：next 语句主要用在来 loop 语句执行中有条件的或无条件的转向控制。

例　L1：FOR CNT_VALUE IN 1 TO 8 LOOP

　　　S1：A(CNT_VALUE)：= ♡；

　　　NEXT WHEN（B = C）；

　　　S2：A(CNT_VALUE + 8)：= ♡；

　　　END LOOP L1；

当程序执行到 NEXT 语句时，如果条件判断式(B＝C)的结果为 TRUE，将执行 NEXT 语句，并返回到 L1，使 CNT_VALUE 加 1 后执行 S1 开始的赋值语句，否则将执行 S2 开始的赋值语句。

6.6.9　exit 语句

格式：exit［标号］［when 条件］；

说明：exit 语句也是 loop 语句中使用的循环控制语句。与 next 语句不同的是，执行 exit 语句将结束循环状态，从 loop 语句中跳出。

如果 exit 语句后面既无标号，又无 when 条件说明，则只要执行到该语句就立即无条件地从 loop 语句中跳出，结束循环状态。继续执行 loop 语句后继语句。

6.7　VHDL 的并行语句

在一个系统电路(模型)中，多个部件的工作状态是并行的；VHDL 语言中就有相应的并行语句来描述这种行为(状态)。常用的有：进程语句、并发信号代入语句、并行过程调用语句、元件例化语句、块语句等。

6.7.1　进程(process)语句结构描述

(1)格式：

［进程名］：process(敏感信号 1，敏感信号 2，…敏感信号 n)

　　　［若干变量说明语句］

　　　Begin

若干顺序执行语句

　End process；

（2）process 的启动：process( )括号内的敏感信号，当其发生变化时，启动进程。一般设计中都有一个全局时钟和复位信号来控制进程的行为。

（3）process 的顺序性：process 中的语句按顺序执行。

（4）process 的并行性：当一个构造体内含有多个 process 语句时，进程之间是并行的，进程之间能通信。

（5）process 语句是一个模块电路的抽象，即它描述了一个功能独立的电路块，所以在实现的电路中都有 process 语句。

一个大的系统电路模块可以分成若干个较小的模块来实现，用 VHDL 来描述就是在一个结构体中用若干个功能独立的进程语句来描述。它是 VHDL 程序中，描述硬件并行工作的最重要、最常用的语句。

（6）并行语句总是处于进程（process）的外部。所有并行语句都是并行执行的，即与它们出现的先后次序无关，如 when..else 语句。

（7）电路的各模块之间是通过信号线相连的。在 VHDL 语言中，各 process 语句、各并行执行语句之间也是通过信号（线）来传递"信号"的；并且是"并行"的关系。时序电路中的各信号是通过时钟信号来同步，并且决定时间先后顺序的。由于结构体中的各并行执行语句都是独立的电路块，因此不允许 2 个或者 2 个以上的并行语句对同一个信号赋值。例程见第三篇实验内容。

6.7.2　并发信号赋值语句

与前面叙述的信号赋值语句不同，并发信号赋值语句用于进程或子程序之外，它是并发（行）执行的。一个并发信号赋值语句就是一个进程语句的缩写（形式）。

例

```
ARCHITECTURE behav OF OR－GATE IS
    BEGIN
            Q＜= op1 OR op2；        －－ 并发信号赋值语句
        END PROCESS；
END ARCHITECTURE behav；
```

注：上式中，当代入符号"＜="右边的信号值发生任何变化，代入操作就会立即发生，如同进程语句中敏感信号被触发。"并发信号赋值语句"可以等效于以下进程语句：

```
ARCHITECTURE behav OF OR - GATE IS
        BEGIN
    OR - op :PROCESS(op1,op2)is
                        BEGIN
                            Q < = op1 OR OP2 ;
                    END PROCESS;
END ARCHITECTURE behav;
```

代入信号可以仿真各种硬件部件,加减法器、乘除法器、比较器、译码器等。并发信号赋值语句还有两种形式:条件信号代入语句和选择信号代入语句。

(1)条件信号赋值语句的格式:

目的信号 < = 表达式 1 WHEN 条件 1 ELSE
　　　　　　　　表达式 2 WHEN 条件 2 ELSE
　　　　　　　　表达式 3 WHEN 条件 3 ELSE
　　　　　　　　　　　　　　　　⋮
　　　　　　　　表达式 n;

在每个表达式后面都跟有用"WHEN"指定的条件,如果满足该条件,则该表达式的值赋给目的信号;如果不满足条件,则再判别下一个表达式所指定的条件。最后一个表达式可以不跟条件表达式。它表明,在上述表达式所指明的条件都不满足时,则将该表达式的值赋给目的信号。

例 采用条件信号代入语句描述一个典型的 3 - 8 译码器的示例程序。

```
LIBRARY IEEE ;
USE IEEE.STD_LOGIC_1164.ALL ;
ENTITY Jdecoder_3_8 IS
PORT (   d : IN STD_LOGIC_VECTOR ( 2 DOWNTO 0 );    - - 输入
         G1 : IN STD_LOGIC;                - - 使能端 G1、G2A、G2B;
         G2A, G2B : IN STD_LOGIC ;
         q : OUT STD_LOGIC_VECTOR ( 7 DOWNTO 0 ) ); - - 输出
END ENTITY Jdecoder_3_8 ;
ARCHITECTURE data_flow OF Jdecoder_3_8 IS
BEGIN
    - - 用条件信号代入语句描述 3-8 译码器
q < ="11111110" WHEN(G1 = '1' AND G2A = '0' AND G2B = '0' AND d = "000"
) ELSE
    "11111101" WHEN(G1 = '1' AND G2A = '0' AND G2B = '0' AND d ="001") ELSE
```

`"11111011"` WHEN(G1 = ´1´ AND G2A = ´0´ AND G2B = ´0´ AND d = ˝010˝) ELSE
`"11110111"` WHEN(G1 = ´1´ AND G2A = ´0´ AND G2B = ´0´ AND d = ˝011˝) ELSE
`"11101111"` WHEN(G1 = ´1´ AND G2A = ´0´ AND G2B = ´0´ AND d = ˝100˝) ELSE
`"11011111"` WHEN(G1 = ´1´ AND G2A = ´0´ AND G2B = ´0´ AND d = ˝101˝) ELSE
`"10111111"` WHEN(G1 = ´1´ AND G2A = ´0´ AND G2B = ´0´ AND d = ˝110˝) ELSE
`"01111111"` WHEN(G1 = ´1´ AND G2A = ´0´ AND G2B = ´0´ AND d = ˝111˝) ELSE
`"11111111"` ;

END ARCHITECTURE data_flow ;

(2)选择信号赋值语句的格式：

WITH 表达式 SELECT

目的信号量 $<=$ 表达式 1　WHEN　条件 1,

表达式 2　WHEN　条件 2,

$$\vdots$$

表达式 n WHEN 条件 n;

例　利用选择信号代入语句来描述 4 选 1 选择器的示例程序。

LIBRARY IEEE ;

USE IEEE.STD_LOGIC_1164. ALL ;

ENTITY Jmux_41 IS

PORT (　　d : IN STD_LOGIC_VECTOR (3 DOWNTO 0) ;

sel : IN STD_LOGIC_VECTOR (1 DOWNTO 0) ;

q : OUT STD_LOGIC) ;

END ENTITY Jmux_41 ;

ARCHITECTURE data_flow OF Jmux IS

SIGNAL Dsel : INTEGER RANGE 0 TO 4 ; － － 数据选择信号;

BEGIN

－ － 用选择信号代入语句描述 4 选 1 选择器

WITH Dsel SELECT

q $<$ = d(0) AFTER 10 ns WHEN 0;

d(1) AFTER 10 ns WHEN 1;

d(2) AFTER 10 ns WHEN 2 ;

d(3) AFTER 10 ns WHEN 3;

´X´ WHEN OTHERS ;

Dsel $<$ = 0 WHEN (sel = ˝00˝) ELSE

1 WHEN (sel = ˝01˝) ELSE

```
         2 WHEN ( sel = ″10″ ) ELSE
         3 WHEN ( sel = ″11″ ) ELSE
         4 ;
END ARCHITECTURE data_flow ;
```

6.7.3 元件调用语句 component 和 port map 语句的介绍

(1)component 语句的格式

component　元件名　　　　　——指定引用元件

[generic　说明;]　　　　　——参数传递说明

[port　说明;]　　　　　　——元件端口说明

end component;

generic 语句用于不同层次设计实体之间的信息的传递和参数传递,这里 port 语句的作用和 entity 语句中 port 语句的作用相同。

component 语句指明了需要调用的元件(在结构体内),这些元件已放在元件库或者较低层设计实体中。

(2)port map 语句的格式(两种方式)

[标号]:port map(信号名 1,信号名 2,…,信号名 n);　　　　　　　　　(隐式)

[标号]:port map(端口名 1 => 信号名 1,端口名 2 => 信号名 2,…,端口名 n => 信号名 n);(显式)

[功能] port map 语句将较低层设计实体(元件)的端口引脚信号映射成较高层设计实体中的信号。

[注释]①信号名指较高层设计实体中的信号名(也可看做引脚信号),端口名指低层元件的端口引脚信号名。

②第一种映射方式称为"隐式"映射方式,在这种映射方式中,信号名 1 到信号名 n 的书写顺序必须和 port map 语句映射的元件的端口名书写顺序一致。第二种映射方式称"显式"映射方式,它把元件端口名和较高层设计实体中使用的信号名一一对应起来,映射表中各项的书写顺序不受任何限制。

在学习 VHDL 之始,建议使用显式映射方式,它的可读性强。

6.8　子程序语句

定义:子程序语句是 VHDL 语言构造体的子结构,它被主程序调用后,将处理结果(通过参数)返回到主程序的程序模块。子程序可以反复调用,在调用前需初始化。使用子程序能使设计结构看起来能更加结构化,使程序更易懂,更容易维护。

调用:子程序先要被定义,才能被调用;它放在包集合(PACKAGE)里,包集合放在库中。所以调用子程序前要声明所用的库和包集合。

步骤:① INOUT 模式的实参值赋给欲调用的过程中与它们对应的形参;②执行这个过程;③最后将过程中 IN 和 INOUT 模式的形参值赋还给对应的实参。

类型:子程序语句有两种类型:过程语句 PROCEDURE 和函数语句 FUNCTION。

6.8.1 过程语句 PROCEDURE

〔语句的格式〕:

PROCEDURE 过程名 (参数 1,参数 2,···,参数 n) IS

〔定义语句〕

BEGIN

···

〔顺序语句〕

···

END PROCEDURE 过程名;

注:参数为输入(IN 模式),默认为 constant 类型;参数为输出或双向(OUT 或 INOUT 模式)默认为 variable 类型;若把输出参数作为信号,则需要在过程参数定义就指明,如:

Signal Jin:IN STD_LOGIC_VECTOR ;

Signal Jout : INOUT STD_LOGIC_VECTOR ;

例 利用 PROCEDURE 语句把位矢量转换成整数。

```
LIBRARY IEEE ;
USE IEEE.STD_LOGIC_1164.ALL ;
PROCEDURE vector_to_int           - - 过程名
    ( Jin : IN STD_LOGIC_VECTOR ;  - -待转换的位矢量
    Jflag : OUT BOOLEAN ;          - - 判断转换成功的输出标志
    Jout : INOUT INTEGER ) IS      - - 整型变量,存放结果
BEGIN
  Jin: = 0 ;
    Jflag : = FALSE ;
```

```
          FOR i IN Jin RANGE LOOP
            Jout : = Jout * 2 ;
            IF (Jin ( i ) = 1 ) THEN
                 Jout : = Jout + 1 ;
            ELSIF (Jin ( i ) / = 0 ) THEN
                   Jflag : = TRUE ;
            END IF ;
          END LOOP ;
    END vector_to_int ;
```

[主程序调用过程]：

①主程序在调用过程前,先将初始值传递给过程的输入参数;②过程语句启动后执行顺序语句;③将输出值拷贝到调用程序的参数(out 和 inout)所定义的变量或信号中去。

例 在主程序中调用过程"vector_to_int"过程。

```
LIBRARY IEEE ;
USE IEEE.STD_LOGIC_1164.ALL ;
LIBRARY WORK;
USE WORK.Jpackage.ALL;      - - "vector_to_int"过程在"Jpackage"包集
                                  合中定义的
ENTITY JDY IS
      PORT ( data : IN STD_LOGIC_VECTOR ( 7 DOWNTO 0 ) ; - - 待转换的8
                                                            位位矢量

             clk : IN STD_LOGIC ;
             result : OUT STD_LOGIC ) ;
END JDY ;
ARCHITECTURE behav OF JDY IS
BEGIN
  PROCESS ( clk )
  VARIABLE temp : INTEGER RANGE 0 TO 128;      - - 转换后的结果
    BEGIN
        ...
  vector_to_int(Jin = > data, Jout = > temp ); - - 调用过程"vector_to_int"
        ...
  END PROCESS ;
```

END behav ;

6.8.2 函数 FUNCTION

[格式]：
```
      FUNCTION 函数名(参数 1,参数 2,…)
              RETURN 数据类型名 IS
      [定义语句];
   BEGIN
      [顺序处理语句];
      RETURN [返回变量名];
      END[函数名];
```
注:函数名括号内的所有参数都是输入信号,所以"IN 章"模式可省略。FUNCTION 的输入值由调用者复制到输入参数中,如果没有特别指定,在FUNCTION 语句中按常量处理。FUNCTION 的返回值只有一个或无返回值。FUNCTION 的返回值置于参数声明之外,而 PROCEDURE 的返回值是放在参数声明之内的。

通常各种功能的 FUNCTION 语句的程序都被集中在程序包(Package)中。

例
```
   function max(a: integer; b: integer)
           return integer is
       variable MaxValue : integer
 begin
       if a > b then
         MaxValue := a;
       else
         MaxValue := b;
       End if;
       return MaxValue;
 end max;
```
上例是一个比较两个输入值,并返回其中较大值的 function。在 function 中声明了一个内部参数 MaxValue,最后再将 MaxValue 的值当做返回值输出。

[function 两种声明方法]：
①function 在设计中声明,将 function 放置在 architecture 与 begin 之间,声明

完 function 后直接将其内容的陈述写在后面,如上例。

②将 function 在 package 中声明,包含 function 的输入参数及返回值的类型,而其 function 的内容则放在 package body 中,如下例。

```
LIBRARY IEEE ;
USE IEEE.STD_LOGIC_1164.ALL ;
PACKAGE Jpag IS
  FUNCTION D_max ( d1 : STD_LOGIC_VECTOR ;
            d2 : STD_LOGIC_VECTOR )
    RETURN STD_LOGIC_VECTOR ;
END Jpag ;
PACKAGE BODY Jpag IS
  FUNCTION D_max ( d1 : STD_LOGIC_VECTOR ;
            d2 : STD_LOGIC_VECTOR )
    RETURN STD_LOGIC_VECTOR IS
    VARIABLE tmp : STD_LOGIC_VECTOR ( d'RANGE ) ;
    BEGIN
      IF ( d1 > d2 ) THEN
        tmp : = d1 ;
      ELSE
        tmp : = d2 ;
      END IF ;
     RETURN tmp ;
   END function D_max ;
END Jpag ;
```

[function 的调用形式]

Mout <= max (Ia , Ib);

只要将输入信号放在参数中,再将 function 的返回值指定给输出信号就可以了。

例

```
LIBRARY IEEE ;
USE IEEE.STD_LOGIC_1164.ALL ;
LIBRARY WORK ;
USE WORK. Jpag.ALL ;
ENTITY D_peak IS
```

```
              PORT(Din:IN STD_LOGIC_VECTOR ( 15 DOWNTO 0);
              clk, set : IN STD_LOGIC ;
              Dout : OUT STD_LOGIC_VECTOR ( 15 DOWNTO 0));
END D_peak ;
ARCHITECTURE JZD OF D_peak IS
SIGNAL Jpeak : STD_LOGIC_VECTOR ( 15 DOWNTO 0 ) ;
BEGIN
   Dout < = Jpeak ;
   PROCESS (clk )
   BEGIN
      IF ( clk´EVENT AND clk = ´1´ ) THEN
         IF ( set = ´1´ ) THEN      - - set = ´1´时,检测器停止正常工作
            Jpeak < = "0000000000000000" ;
         ELSE       - - set = ´0´时,检测器才能正常工作
            Jpeak < = D_max (Din, Jpeak );       - - 调用函数" D_max (
)",用实际参数 Din 和 Jpeak 替换 d1 和 d2,返回值 tmp 赋给 Jpeak
         END IF ;
      END IF ;
   END PROCESS ;
END JZD ;
```

function 与 procedure 的差异:

function 的返回值永远只有一个,而 procedure 的返回值却可以不只一个。function 所有的参数都是 input 信号,而 procedure 的参数却可以是 input、output,甚至 inout。function 的返回值置于参数声明之外,而 procedure 的返回值是放在参数声明之内的。

函数调用既可在并行语句中,也可在顺序语句中,函数和过程通常不必指定参数的矢量长度。

6.9 系统的层次结构设计

对于一个较复杂的系统电路,常采用层次结构化的设计方法,即把一个大的系统(模块)划分为若干子系统(模块),通过描述顶层信号与底层模块端口之间对应关系,从而描述了各层各模块的接口之间的连接关系,使电路完整地连接起来。

6.9.1　层次之间的描述方法

利用 VHDL 语言描述层次之间的关联的方法:通过较高层设计实体"引用"低层的模块(元件)。这种对元件的"引用"称之为"例化",一个元件可以被多次例化。VHDL 语言实现层次结构化是通过两条语句实现的,即 component 和 port map 语句,它们配合使用,完成较高层设计实体中对较低层设计实体的引用。

6.9.2　层次结构化的设计步骤

以四选一选择器为例:

(1)用 component 语句说明要调用的低层元件;如,编码器 Encoder2_4、选择器 Mux2_1;

(2)用 PORT MAP 语句将较低层的元件的端口"映射"成较高层设计实体中的信号,即"利用"高层将低层的各元件端口信号进行连接。

例　设计一个四选一选择器,实现功能:Mux4_1 <= a1 or a2 or a3 or a4;参见第三篇实验二内容。

当一个低层设计实体需要被多次引用,可以把对元件的说明放在程序包中。这样,就不需要在每一个实体中声明了。见下例应用过程。

6.10　程序包及应用

为使已定义的数据类型、数据对象或子程序可以重复利用,对其他设计实体可见,VHDL 提供了程序包机制。

程序包(包集合)中存放信号定义、常量、数据类型、元件语句、函数、过程等,它可以编译,使用时它也要放入库中,用 use 语句打开。在程序包内说明的数据,可以被其他设计实体使用。程序包由包头和包体两部分组成。

(1)包结构:

```
package  程序包名  is        —— 程序包头声明
        [说明语句];
      end 包集合名;
      Package body 程序包名 is —— 程序包体声明
        [说明语句];
      end 包集合名;
```

（2）格式说明：

包头含义：声明了包中的数据类型、元件声明、信号声明、函数和子程序，它和实体声明类似，规定了程序包的接口；只要在程序包内"说明语句"中声明的数据对象，就可以用 use 子句打开，让其在程序包之外可见。

Use 程序包名.说明对象名称；

或

Use 程序包名.ALL；

包体含义：规定了实现的功能，存放声明中的函数和子程序，它和结构体类似。程序包体内"说明语句"中可以是 use 语句（包括调用其他已经设计好的程序包）、子程序定义、子程序体、数据类型说明和常数说明等。若程序包不含子程序，那么程序包体不是必需的。

（3）程序包的应用参见实验十二。

第三篇　实验项目

实验一　串并型加减法器的设计

1. 实验目的

(1) 理解多种加法器的工作原理;

(2) 掌握行波加法器和先行进位加法器的设计和实现方法。

2. 实验内容及要求

常用的加法器有两种:行波加法器和先行进位加法器(即并行加法器)。行波加法器的计算速度会比较慢,因为它的结构是串行的,下一位进位位结果的生成需要等待前一步的计算结果,每一步结果的传递都会产生一定的时延,这种时延会随着操作数位数的增加以及计算的复杂度而增加;但这种加法器的设计结构及控制逻辑简单,对小型的计算来说是一种很好的选择。

先行进位加法器可以很好的克服串行加法器的上述缺点,而且操作数的位数越多它的优势也就越明显。先行进位加法器采用并行计算的技术,同时产生各位进位结果,进而得到运算结果;但相对的它的控制逻辑会比较复杂。

(1)利用硬件描述语言 VHDL,设计行波加法器和先行进位加减法器,输入输出均 32 bit;

(2)完成对加减法器的操作;

(3)写出相关的算法和逻辑表达式;

(4)对仿真波形图定量分析,比较两种方法的使用效率及特点,分析其原因;

(5)参考例程的优化。

3. 参考例程

(1)串行进位加法器(16bit):

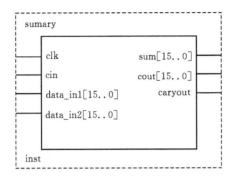

实验图 1-1 串行加法器框图

```vhdl
LIBRARY ieee;
USE ieee.std_logic_1164.all;
entity sumary is
port(
    clk         :IN STD_LOGIC;
    cin         :IN STD_LOGIC;
    data_in1        :IN STD_LOGIC_VECTOR(15 DOWNTO 0); - -加数
    data_in2        :IN STD_LOGIC_VECTOR(15 DOWNTO 0); - -被加数
    sum         :OUT STD_LOGIC_VECTOR(15 DOWNTO 0); - -和
        cout: OUT STD_LOGIC_VECTOR(15 DOWNTO 0); - -每一位的进位位
    caryout : OUT STD_LOGIC - -最终向输出的进位位
    );
end sumary;
architecture behav of sumary is
  begin
    process(data_in1,data_in2,cin)
      variable c : std_logic_vector(15 downto 0);
      begin
        if (clkevent and clk = '1') then - -得到每一步的进位位
        c(0) : = (data_in1(0) and data_in2(0)) or ((data_in1(0) xor
                data_in2(0)) and cin);
        c(1) : = (data_in1(1) and data_in2(1)) or ((data_in1(1) xor
                data_in2(1)) and c(0));
        c(2) : = (data_in1(2) and data_in2(2)) or ((data_in1(2) xor
```

```
                data_in2(2)) and c(1));
c(3) : = (data_in1(3) and data_in2(3)) or ((data_in1(3) xor
                data_in2(3)) and c(2));
c(4) : = (data_in1(4) and data_in2(4)) or ((data_in1(4) xor
                data_in2(4)) and c(3));
c(5) : = (data_in1(5) and data_in2(5)) or ((data_in1(5) xor
                data_in2(5)) and c(4));
c(6) : = (data_in1(6) and data_in2(6)) or ((data_in1(6) xor
                data_in2(6)) and c(5));
c(7) : = (data_in1(7) and data_in2(7)) or ((data_in1(7) xor
                data_in2(7)) and c(6));
c(8) : = (data_in1(8) and data_in2(8)) or ((data_in1(8) xor
                data_in2(8)) and c(7));
c(9) : = (data_in1(9) and data_in2(9)) or ((data_in1(9) xor
                data_in2(9)) and c(8));
c(10) : = (data_in1(10) and data_in2(10)) or ((data_in1(10)
                xor data_in2(10)) and c(9));
c(11) : = (data_in1(11) and data_in2(11)) or ((data_in1(11)
                xor data_in2(11)) and c(10));
c(12) : = (data_in1(12) and data_in2(12)) or ((data_in1(12)
                xor data_in2(12)) and c(11));
c(13) : = (data_in1(13) and data_in2(13)) or ((data_in1(13)
                xor data_in2(13)) and c(12));
c(14) : = (data_in1(14) and data_in2(14)) or ((data_in1(14)
                xor data_in2(14)) and c(13));
c(15) : = (data_in1(15) and data_in2(15)) or ((data_in1(15)
                xor data_in2(15)) and c(14));
caryout < = c(15);
    cout< = c;
    - -求得最终结果
sum(0) < = data_in1(0) xor data_in2(0) xor cin;
sum(1) < = data_in1(1) xor data_in2(1) xor c(0);
sum(2) < = data_in1(2) xor data_in2(2) xor c(1);
sum(3) < = data_in1(3) xor data_in2(3) xor c(2);
```

sum(4) <= data_in1(4) xor data_in2(4) xor c(3);

sum(5) <= data_in1(5) xor data_in2(5) xor c(4);

sum(6) <= data_in1(6) xor data_in2(6) xor c(5);

sum(7) <= data_in1(7) xor data_in2(7) xor c(6);

sum(8) <= data_in1(8) xor data_in2(8) xor c(7);

sum(9) <= data_in1(9) xor data_in2(9) xor c(8);

sum(10) <= data_in1(10) xor data_in2(10) xor c(9);

sum(11) <= data_in1(11) xor data_in2(11) xor c(10);

sum(12) <= data_in1(12) xor data_in2(12) xor c(11);

sum(13) <= data_in1(13) xor data_in2(13) xor c(12);

sum(14) <= data_in1(14) xor data_in2(14) xor c(13);

sum(15) <= data_in1(15) xor data_in2(15) xor c(14);

end if;

END PROCESS;

END behav;

(2)并行加法器(16bit):

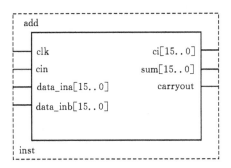

实验图 1-2 并行加法器框图

```
LIBRARY ieee;
USE ieee.std_logic_1164.all;
entity add is
port(
clk     : in std_logic;
cin     : in std_logic;
data_ina : in std_logic_vector(15 downto 0);
data_inb : in std_logic_vector(15 downto 0);
```

```
    ci      ：out std_logic_vector(15 downto 0)；
    sum     ：out std_logic_vector(15 downto 0)；
    carryout ：out std_logic
    )；
end add；
architecture behav of add is
begin
process (data_ina,data_inb,cin)
    variable g：std_logic_vector(15 downto 0)；
    variable p：std_logic_vector(15 downto 0)；
    variable c：std_logic_vector(15 downto 0)；
    begin
    if(clk'event and clk = '1')then
    g：= data_ina and data_inb；
    p：= data_ina xor data_inb；
    c(0) ：= g(0) or (p(0)and cin)；
    c(1) ：= g(1) or (p(1) and g(0)) or (p(1) and p(0)and cin)；
    c(2) ：= g(2) or (p(2) and g(1)) or (p(2) and p(1) and g(0)) or (p(2)
and p(1) and p(0)and cin)；
    c(3) ：= g(3) or (p(3) and g(2)) or (p(3) and p(2) and g(1)) or (p(3)
and p(2) and p(1) and g(0)) or (p(3) and p(2) and p(1) and p(0)and cin)；
    c(4) ：= g(4) or (p(4) and g(3)) or (p(4) and p(3) and g(2)) or (p(4)
and p(3) and p(2) and g(1)) or (p(4) and p(3) and p(2) and p(1) and g(0)) or
(p(4) and p(3) and P(2) and p(1) and p(0)and cin)；
    c(5) ：= g(5) or (p(5) and g(4)) or (p(5) and p(4) and g(3)) or (p(5)
and p(4) and p(3) and g(2)) or (p(5) and p(4) and P(3) and p(2) and g(1)) or
(p(5) and p(4) and P(3) and p(2) and p(1) and g(0)) or(p(5) and p(4) and p(3)
and p(2) and p(1) and p(0)and cin)；
    c(6) ：= g(6) or (p(6) and g(5)) or (p(6) and p(5) and g(4)) or (p(6)
and p(5) and p(4) and g(3)) or (p(6) and p(5) and p(4) and p(3) and g(2)) or
(p(6) and p(5) and p(4) and p(3) and p(2) and g(1)) or(p(6) and p(5) and p(4)
and p(3) and p(2) and p(1) and g(0)) or (p(6) and p(5) and p(4) and p(3) and p
(2) and p(1) and p(0)and cin)；
    c(7) ：= g(7) or (p(7) and g(6)) or (p(7) and p(6) and g(5)) or (p(7)
```

and p(6) and p(5) and g(4)) or (p(7) and p(6) and p(5) and p(4) and g(3)) or (p(7) and p(6) and p(5) and p(4) and p(3) and g(2)) or(p(7) and p(6) and p(5) and p(4) and p(3) and p(2) and g(1)) or (p(7) and p(6) and p(5) and p(4) and p(3) and p(2) and p(1)and g(0)) or (p(7) and p(6) and p(5) and p(4) and p(3) and p(2) and p(1)and p(0) and cin);

　　c(8)：= g(8) or (p(8) and g(7)) or (p(8) and p(7) and g(6)) or (p(8) and p(7) and p(6) and g(5)) or (p(8) and p(7) and p(6) and p(5) and g(4)) or (p(8) and p(7) and p(6) and p(5) and p(4) and g(3)) or(p(8) and p(7) and p(6) and p(5) and p(4) and p(3) and g(2)) or (p(8) and p(7) and p(6) and p(5) and p(4) and p(3) and p(2)and g(1)) or (p(8) and p(7) and p(6) and p(5) and p(4) and p(3) and p(2)and p(1) and g(0)) or(p(8) and p(7) and p(6) and p(5) and p(4) and p(3) and p(2) and p(1)and p(0) and cin);

　　c(9)：= g(9) or (p(9) and g(8)) or (p(9) and p(8) and g(7)) or (p(9) and p(8) and p(7) and g(6)) or (p(9) and p(8) and p(7) and p(6) and g(5)) or (p(9) and p(8) and p(7) and p(6) and p(5) and g(4)) or(p(9) and p(8) and p(7) and p(6) and p(5) and p(4) and g(3)) or (p(9) and p(8) and p(7) and p(6) and p(5) and p(4) and p(3)and g(2)) or (p(9) and p(8) and p(7) and p(6) and p(5) and p(4) and p(3)and p(2) and g(1)) or(p(9) and p(8) and p(7) and p(6) and p(5) and p(4) and p(3) and p(2)and p(1) and g(0))or(p(9) and p(8) and p(7) and p(6) and p(5) and p(4) and p(3) and p(2) and p(1)and p(0) and cin);

　　c(10)：= g(10) or (p(10) and g(9)) or (p(10) and p(9) and g(8)) or (p(10) and p(9) and p(8) and g(7)) or (p(10) and p(9) and p(8) and p(7) and g(6)) or (p(10) and p(9) and p(8) and p(7) and p(6) and g(5)) or(p(10) and p(9) and p(8) and p(7) and p(6) and p(5) and g(4)) or (p(10) and p(9) and p(8) and p(7) and p(6) and p(5) and p(4)and g(3)) or (p(10) and p(9) and p(8) and p(7) and p(6) and p(5) and p(4)and p(3) and g(2)) or(p(10) and p(9) and p(8) and p(7) and p(6) and p(5) and p(4) and p(3)and p(2) and g(1))or(p(10) and p(9) and p(8) and p(7) and p(6) and p(5) and p(4) and p(3) and p(2)and p(1) and g(0))or(p(10) and p(9) and p(8) and p(7) and p(6) and p(5) and p(4) and p(3) and p(2)and p(1) and p(0) and cin);

　　c(11)：= g(11) or (p(11) and g(10)) or (p(11) and p(10)and g(9)) or (p(11)and g(10) and p(9) and g(8)) or (p(11)and p(10) and p(9) and p(8) and g(7)) or (p(11) and p(10) and p(9) and p(8) and p(7) and g(6)) or(p(11) and p(10) and p(9) and p(8) and p(7) and p(6) and g(5)) or (p(11) and p(10) and p(9) and p(8) and p(7) and p(6) and p(5) and g(4)) or (p(11) and p(10) and p(9) and p(8) and p(7) and p(6) and p(5) and p(4)and g(3)) or(p(11) and p(10) and p(9) and p(8) and p(7) and p(6) and p(5) and p(4) and p(3)and g(2))or(p(11) and p(10) and p(9) and p(8) and p(7) and p(6) and p(5) and p(4) and p(3) and p(2)and g(1))or(p(11) and p(10) and p(9) and p(8) and p(7) and p(6) and p(5) and p(4) and p(3) and p(2)and p(1) and g(0))or(p(11) and p(10) and p(9) and p(8) and p(7) and p(6) and p(5) and p(4) and p(3) and p(2)and p(1) and p(0) and cin);

c(12) := g(12) or (p(12) and g(11)) or (p(12) and p(11) and g(10)) or (p (12) and p(11)and p(10) and g(9)) or (p(12) and p(11)and p(10) and p(9) and g(8)) or (p(12) and p(11) and p(10) and p(9) and p(8) and g(7)) or(p(12) and p(11) and p(10) and p(9) and p(8) and p(7) and g(6)) or (p(12) and p(11) and p(10) and p(9) and p(8) and p(7) and p(6) and g(5)) or (p(12) and p(11) and p(10) and p(9) and p (8) and p(7) and p(6) and p(5) and g(4)) or(p(12) and p(11) and p(10) and p(9) and p(8) and p(7) and p(6) and p(5) and p(4) and g(3))or(p(12) and p(11) and p(10) and p(9) and p(8) and p(7) and p(6) and p(5) and p(4) and p(3) and g(2))or(p(12) and p(11) and p(10) and p(9) and p(8) and p(7) and p(6) and p(5) and p(4) and p(3) and p(2)and g(1))or(p(12) and p(11) and p(10) and p(9) and p(8) and p(7) and p(6) and p(5) and p(4) and p(3) and p(2)and p(1) and g(0))or(p(12) and p(11) and p(10) and p(9) and p(8) and p(7) and p(6) and p(5) and p(4) and p(3) and p(2)and p(1) and p(0) and cin);

c(13) := g(13) or (p(13) and g(12)) or (p(13) and p(12) and g(11)) or (p (13) and p(12) and p(11)and g(10)) or (p(13) and p(12) and p(11)and p(10) and g (9)) or (p(13) and p(12) and p(11) and p(10) and p(9) and g(8)) or(p(13) and p (12) and p(11) and p(10) and p(9) and p(8) and g(7)) or (p(13) and p(12) and p (11) and p(10) and p(9) and p(8) and p(7) and g(6)) or (p(13) and p(12) and p(11) and p(10) and p(9) and p(8) and p(7) and p(6) and g(5)) or(p(13) and p(12) and p (11) and p(10) and p(9) and p(8) and p(7) and p(6) and p(5) and g(4))or(p(13) and p(12) and p(11) and p(10) and p(9) and p(8) and p(7) and p(6) and p(5) and p(4) and g(3))or(p(13) and p(12) and p(11) and p(10) and p(9) and p(8) and p(7) and p (6) and p(5) and p(4) and p(3) and g(2))or(p(13) and p(12) and p(11) and p(10) and p(9) and p(8) and p(7) and p(6) and p(5) and p(4) and p(3) and p(2)and g(1))or (p(13) and p(12) and p(11) and p(10) and p(9) and p(8) and p(7) and p(6) and p(5) and p(4) and p(3) and p(2)and p(1) and g(0))or(p(13) and p(12) and p(11) and p (10) and p(9) and p(8) and p(7) and p(6) and p(5) and p(4) and p(3) and p(2)and p

(1) and p(0) and cin);

c(14) : = g(14) or (p(14) and g(13)) or (p(14) and p(13) and g(12)) or (p(14) and p(13) and p(12) and g(11)) or (p(14) and p(13) and p(12) and p(11)and g(10)) or (p(14) and p(13) and p(12) and p(11) and p(10) and g(9)) or(p(14) and p(13) and p(12) and p(11) and p(10) and p(9) and g(8)) or (p(14) and p(13) and p(12) and p(11) and p(10) and p(9) and p(8) and g(7)) or (p(14) and p(13) and p(12) and p(11) and p(10) and p(9) and p(8) and p(7) and g(6) or(p(14) and p(13) and p(12) and p(11) and p(10) and p(9) and p(8) and p(7) and p(6) and g(5))or(p(14) and p(13) and p(12) and p(11) and p(10) and p(9) and p(8) and p(7) and p(6) and p(5) and g(4))or(p(14) and p(13) and p(12) and p(11) and p(10) and p(9) and p(8) and p(7) and p(6) and p(5) and p(4) and g(3))or(p(14) and p(13) and p(12) and p(11) and p(10) and p(9) and p(8) and p(7) and p(6) and p(5) and p(4) and p(3) and g(2))or(p(14) and p(13) and p(12) and p(11) and p(10) and p(9) and p(8) and p(7) and p(6) and p(5) and p(4) and p(3) and p(2)and g(1))or(p(14) and p(13) and p(12) and p(11) and p(10) and p(9) and p(8) and p(7) and p(6) and p(5) and p(4) and p(3) and p(2)and p(1) and g(0))or(p(14) and p(13) and p(12) and p(11) and p(10) and p(9) and p(8) and p(7) and p(6) and p(5) and p(4) and p(3) and p(2)and p(1) and p(0) and cin);

c(15) : = g(15) or (p(15) and g(14)) or (p(15) and p(14) and g(13)) or (p(15) and p(14) and p(13) and g(12)) or (p(15) and p(14) and p(13) and p(12) and g(11)) or (p(15) and p(14) and p(13) and p(12) and p(11) and g(10)) or(p(15) and p(14) and p(13) and p(12) and p(11) and p(10) and g(9)) or (p(15) and p(14) and p(13) and p(12) and p(11) and p(10) and p(9) and g(8)) or (p(15) and p(14) and p(13) and p(12) and p(11) and p(10) and p(9) and p(8) and g(7)) or(p(15) and p(14) and p(13) and p(12) and p(11) and p(10) and p(9) and p(8) and p(7) and g(6))or(p(15) and p(14) and p(13) and p(12) and p(11) and p(10) and p(9) and p(8) and p(7) and p(6) and g(5))or(p(15) and p(14) and p(13) and p(12) and p(11) and p(10) and p(9) and p(8) and p(7) and p(6) and p(5) and g(4))or(p(15) and p(14) and p(13) and p(12) and p(11) and p(10) and p(9) and p(8) and p(7) and p(6) and p(5) and p(4) and g(3))or(p(15) and p(14) and p(13) and p(12) and p(11) and p(10) and p(9) and p(8) and p(7) and p(6) and p(5) and p(4) and p(3) and g(2))or(p(15) and p(14) and p(13) and p(12) and p(11) and p(10) and p(9) and p(8) and p(7) and p(6) and p(5) and p(4) and p(3) and p(2)and g(1))or(p(15) and p(14) and p(13) and p(12) and p(11) and p(10) and p(9) and p(8) and p(7) and p(6) and p(5) and p(4) and p(3) and p(2)and p(1) and g(0))or(p(15) and p(14) and p(13) and p(12) and p(11) and p(10) and p(9) and p(8) and p(7) and p(6) and p(5) and p(4) and p(3) and p(2)and p(1) and p(0) and cin);

```
        ci <= c;
    sum <= p xor (c(6 downto 0)) & cin;
    carryout <= c(7);
    end if;
    END PROCESS;
END behav;
```

实验二 层次结构的设计与实现

1. 实验目的

掌握层次结构的设计与实现方法。

2. 实验内容

利用 VHDL 语言描述层次之间的关联的方法;完成较高层设计实体中对较低层设计实体的引用,实现一个四选一选择器的功能。

在本实验中,用 component 语句说明要调用的低层元件,如,编码器 encoder2_4、选择器 Mux2_1;再用 PORT MAP 语句将较低层的元件的端口"映射"成较高层设计实体中的信号,即"利用"高层的"信号"连接低层的各元件"端口信号"。

3. 实验要求

(1)画出各模块的电路框图,包括:顶层的四选一选择器;底层的二选一选择器和 2 - 4 译码器等;

(2)分析模块的工作原理及算法(多以图、表方式描述);

(3)设计出相关的代码;

(4)对设计和调试运算过程进行记录,包括:出现了什么问题(截图表示)及如何解决的;

(5)对参考代码的优化。

4. 参考例程

实例 设计一个四选一选择器,实现功能:Mux4_1 <= a1 or a2 or a3 or a4;见实验图 2 - 1 和实验表 2 - 1。

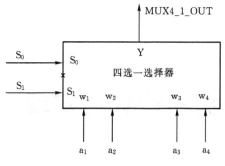

实验图 2-1 四选一选择器框图

实验表 2-1 四选一选择器真值表

S_1	S_2	MUX4_1
0	0	a_1
0	1	a_2
1	0	a_3
1	1	a_4

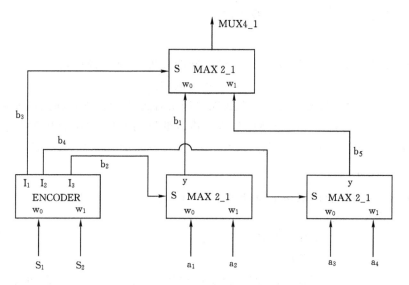

实验图 2-2 四选一选择器内部元件构成图

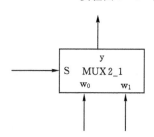

验图 2-3 二选一器件外部框图

实验表 2-2 二选一器件真值表

S	y
0	w_0
1	w_1

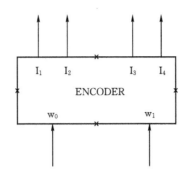

实验图 2-4　编码器框图

实验表 2-3　编码器真值表

w_0	w_1	I_1	I_2	I_3	I_4
0	0	0	0	×	×
0	1	0	1	×	×
1	0	1	×	0	×
1	1	1	×	1	×

［方法与步骤］：

第一步：设计低层的设计实体 mux21

LIBRARY IEEE;　　　　　－－IEEE 库使用说明语句

USE IEEE.STD_LOGIC_1164.ALL;

ENTITY mux21 IS　　　　－－实体说明部分

　　PORT(

　　　　　w0,w1 : IN STD_LOGIC;

　　　　　s:　IN STD_LOGIC;

　　　　　y:　OUT STD_LOGIC

　　　　　);

END ENTITY mux21;

ARCHITECTURE mux21A OF mux21 IS　　　　－－结构体说明部分

　　BEGIN

　　　　　PROCESS(w0,w1,s)

　　　　　　　　BEGIN

　　　　　　　　　　IF s = ´0´ THEN

```
                            y< = w0;
                                ELSE
                            y< = w1;
                        END IF;
                END PROCESS;
        END ARCHITECTURE mux21A;
```

这是一个低层的设计实体 mux21，它的功能是当选择端为"0"时,输入信号 w0 传至输出端 y;否则,输入信号 w1 传至 y。

第二步:设计低层设计实体 encoder2_4

```
LIBRARY IEEE;
USE IEEE.STD_LOGIC_1164.ALL;
USE IEEE.STD_LOGIC_ARITH.ALL;
USE IEEE.STD_LOGIC_UNSIGNED.ALL;
ENTITY Decoder 2 _4 IS
        PORT( w : IN STD_LOGIC_VECTOR(1 DOWNTO 0);
                I : OUT STD_LOGIC_VECTOR(3 DOWNTO 0));
END decoder2_4;
ARCHITECTURE Behavior OF decoder2 _4 IS
BEGIN
  PROCESS(w)
  BEGIN
  CASE w IS
  WHEN "00" = > I< = "0000";
  WHEN "01" = > I< = "0010";
  WHEN "10" = > I< = "0001";
  WHEN "11" = > I< = "0101 ";
  WHEN OTHERS = >I< = "XXXX"
  END CASE;
  END PROCESS;
END Brhavior;
```

这是一个低层设计实体 encoder2_4,它将 2 个输入信号进行"编码",产生"四选一选择器 MUX4_1"的选择信号 I1,I2,I3。

第三步:设计顶层设计实体 MUX4_1

```
library ieee;
```

```
USE ieee.std_logic_1164.all;
USE IEEE.STD_LOGIC_ARITH.ALL;
USE IEEE.STD_LOGIC_UNSIGNED.ALL;
entity Mux4_1 is              - - 声明四选一选择器；
  port(a1,a2,a3,a4：   in std_logoc；
            s1,s2：   in std_logoc；
        Mux4_1_out：out std_logic)；
end Mux4_1 ；
architecture struct of Mux4_1 is
      signal I1,I2,I3,I4：std_logic；- - 说明编码器与其他元件间使用的信号
      signal b1,b2,b3,b4,b5：std_logic；- - 声明元件之间的内部连线的信号
Component mux21         - - 说明元件"二选一选择器 mux21"；
  PORT( w0,w1 ：IN STD_LOGIC；
            s：IN STD_LOGIC；
            y：OUT STD_LOGIC )；
end component；
Component encoder2_4         - - 说明元件"2 - 4 编码器 encoder2_4"；
    PORT( w：IN STD_LOGIC_VECTOR(1 DOWNTO 0)；
        I：OUT STD_LOGIC_VECTOR(3 DOWNTO 0))；
  END component；
begin
M1：mux21 port map        - - 对 mux21 的一次例化
  (W0 = > a1,
  W1 = > a2,
  y = > b1,
  s < = b2);
M2：mux21 port map        - - 对 mux21 的一次例化
  (W0 = > a3,
  W1 = > a4,
  y  = > b5,
  s  = > b4);
M3：mux21 port map        - - 对 mux21 的一次例化
  ( W0 = > b1,
  W1 = > b2,
```

```
        y = > Mux4_1_out,
        s = > b3);
    E4：encoder2_4 port map          --对 encoder2_4 的一次例化
        (W(0) = >s1,
        W(1) = > s2,
        I(0) = > b3
        I(1) = > b4
        I(2) = > b5);
    end struct；
```

当一个低层设计实体需要被多次引用,可以把对元件的说明放在程序包中。这样,就不需要在每一个实体中声明了,详见实验十二内容。

实验三 算逻单元的设计与实现

1. 实验目的

(1)掌握基本的算术运算和逻辑运算的运算规则和实现方法；

(2)掌握基本运算器的信息传送通路。

2. 实验内容

设计一个基本的算术逻辑运算模块，包括：

(1)算术运算模块，主要包括定点运算：加减乘除运算及浮点运算（浮点运算依照 IEEE754 标准），如，运算器包含加法器（含用先行进位构成的加法器）、减法器、乘除法器、移位器等及浮点运算模块；运算器模块中也可以加入寄存器组（Register file）；

(2)逻辑运算模块，主要包括与、或、非、异或、比较和算术移位、逻辑移位、循环移位；

(3)本实验中设计的运算器操作数可以分别为 16/32 位字长，结构框图见实验图 3-1。

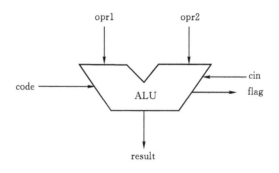

实验图 3-1 运算器框图

数据输入端：opr1 和 opr2，cin；

数据输出端：result；

运算模式控制信号：code；

标志位：flag 等。

3．实验要求

（1）画出运算器模块的各种对照表，如：反映运算操作码 OP、运算功能与标志位 flag 之间的关系，比较"使用／不使用"先行进位对运算速度的影响，各种乘、除方法的性能比较等；

（2）分析模块的工作原理（多以图、表方式描述）；

（3）画出模块的程序流程图；

（4）分析各种运算结果的仿真图；

（5）记录项目的设计和调试过程，包括：出现了什么问题（截图表示）及如何解决的。

4．补充题

已知 $X=-0.1010, Y=0.0011$，求 $X \times Y = ?$

①利用原码乘法的方法，完成功能模块的设计，并描述其算法及电路图、仿真图。

②利用 Booth 法的方法，完成功能模块的设计，并描述其算法及电路图、仿真图。

③利用阵列乘法的方法，完成功能模块的设计。

实验四 寄存器组的设计与实现

1. 实验目的

(1) 了解通用寄存器组的用途；

(2) 掌握通用寄存器组及它的控制结构；

(3) 掌握层次结构的设计方法。

2. 设计思路

本寄存器组的构成：顶层设计实体有数据输入、数据输出及控制信号端口；底层有四个 16 位寄存器、一个 4 选 1 多路选择器以及一个 2 - 4 译码器。由外部的同步时钟信号、读写信号、寄存器选择信号、复位信号共同控制。见实验图 4 - 1。

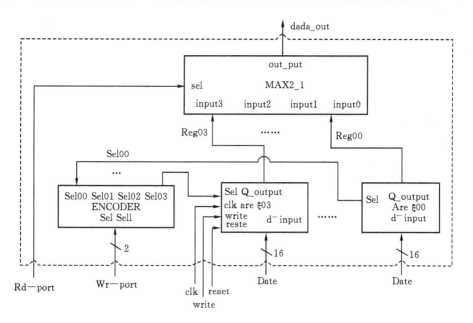

实验图 4 - 1 寄存器组结构图

电路图说明：

(1) 寄存器组，其中包含 4 个 16 位的寄存器。

（2）当 reset 信号为低时，4 个寄存器复位为 0。寄存器的时钟信号为 clk。

（3）写端口为 2 位的 wr_port 信号，负责哪一个寄存器被写入。

（4）寄存器组有一个写允许信号 wen，在 wen 为 1 时，在 clk 上升沿将输入到寄存器组的 16 位数据 data 写入 wr_port 指定的寄存器中。

（5）读端口为 2 位的 rd_port 信号。rd_port 决定将哪个寄存器的输出送寄存器组的输出 data_out。

3. 设计要求

完成通用寄存器组（不少于 4 个寄存器）的设计，用户可以对其中的任一个寄存器进行随机访问。

根据上图，模块的组成与功能如下：

（1）低层设计实体 register_16：完成寄存器复位和读写功能。

（2）低层设计实体 mux4_to_1：完成选择哪一个寄存器的值送寄存器组的输出。这是一个 4 选一选择器。

（3）低层设计实体 decoder2_to_4：完成选择写哪一个寄存器。这是一个 2 - 4 译码器。

（4）高层设计实体 regfile：负责将 6 个低层设计实体的连接，完成寄存器组的全部功能。

4. 实验要求

（1）分析 VHDL 程序代码，写出寄存器组模块的设计思路（配合用程序流程图、状态图描述）；自己设计一个 32bit 的寄存器组模块（设寄存器个数为 64）并且完成相关的读写操作。

（2）分析各种操作结果的仿真图；

（3）画出寄存器组模块的结构图；

（4）记录设计和实现的过程；包括：出现了什么问题（截图表示）及如何解决的？

5. 参考例程

（1）设计实体 register_16

```
library ieee;
use ieee.std_logic_1164.all;
entity regiister_16 is port
    (reset        : in std_logic;
    d_input       : in std_logic_vector(15 downto 0);
    clk           : in std_logic;
    write         : in std_logic;
```

```vhdl
    sel          : in std_logic；
    q_output    : out std_logic_vector(15 downto 0)
    )；
end register_16；
architecture a of register_16 is
begin
    process(reset,clk)
    begin
        if reset = '0' then
            q_output <= x"0000"；
        elsif (clk'event and clk = '1') then
            if sel = '1' and write = '1' then
                q_output <= d_input；
            end if；
        end if；
    end process；
end a；
```

（2）设计实体 decoder2_to_4

```vhdl
library ieee；
use ieee.std_logic_1164.all；
entity decoder2_to_4 isport (
    sel      : in std_logic_vector(1 downto 0)；
    sel00   : out std_logic；
    sel01   : out std_logic；
    sel02   : out std_logic；
    sel03   : out std_logic )；
end decoder2_to_4；

architecture behavioral of decoder2_to_4 is
begin
    sel00   <= (not sel(1)) and (not sel(0))；
    sel01   <= (not sel(1)) and sel(0) ；
    sel02   <= sel(1) and (not sel(0))；
    sel03   <= sel(1) and sel(0)；
```

```
end behavioral;
```

(3)设计实体 mux4_to_1

```
library ieee;
use ieee_std_logic_1164.all;
entity mux4_to_1 is
port (input0 ,input1 ,input2 ,input3
                    : in std_logic_vector(15 downto 0);
          sel        : in std_logic_vector(1 downto 0);
          out_put : out std_logic_vector(15 downto 0));
end mux4_to_1;
architecture behavioral of mux4_to_1 is
begin
mux: process(sel , input0, input1, input2, input3)
    begin
        case sel is
            when "00" => out_put <= input0;
            when "01" => out_put <= input1;
            when "10" => iut_put <= input2;
            when "11" => out_put <= input3;
        end case;
    end process;
end behavioral;
```

(4)顶层设计实体 regfile

```
library ieee;
use ieee。std_logic_1164.all;
entity regfile is
    port ( wr_port      : in std_logic_vector(1 downto 0);
           rd_port      : in std_logic_vector(1 downto 0);
           reset        : in std_logic;
           wen          : in std_logic;
           clk          : in std_logic;
           data         : in std_logic_vector(15 downto 0);
           data_out     : out std_logic_vector(15 downto 0)
```

```
                        );
end regfile;
architecture struct of regfile is

component register_16       - - 16 bit 寄存器
    port(reset, clk, write, sel : in std_logic;
        d_input: in std_logic_vector(15 downto 0);
        q_output: out std_logic_vector(15 downto 0));
end component;
component decoder2_to_4          - - 2 - 4 译码器
    port(sel: in std_logic_vector(1 downto 0);
        sel00, sel01, sel02, sel03: out std_logic );
end component;
component mux4_to_1              - - 4 选 1 多路开关
    port( input0 ,input1 ,input2 ,input3
                  : in std_logic_vector(15 downto 0);
        sel       : in std_logic_vector(1 downto 0);
        out_put : out std_logic_vector(15 downto 0));
end component;
    signal reg00 , reg01 ,reg02 ,reg03 : std_logic_vector(15 downto 0);
    signal sel00 ,sel01 ,sel02 ,sel03 : std_logic;
begin
Areg00: register_16 port map(          - -16 位寄存器 R0
    reset     = > reset,       - -顶层设计实体的外部输入信号 reset
    d_input   = > data,        - -顶层设计实体的外部输入信号 data
    clk       = > clk,         - -顶层设计实体的外部输入信号 clk
    write     = > wen,         - -顶层设计实体的外部输入信号 wen
    sel       = > sel00,
    q_output  = > reg00
);
Areg01: register_16 port map(     - -16 位寄存器 R1
    reset     = > reset,       - -顶层设计实体的外部输入信号 reset
    d_input   = > data,        - -顶层设计实体的外部输入信号 data
    clk       = > clk ,        - -顶层设计实体的外部输入信号 clk
```

```
    write      = > wen,              - -顶层设计实体的外部输入信号 wen
    sel        = > sel01,
    q_output   = > reg01
     );
Areg02: reggister_16 port map (  - -16 位寄存器 R2
    reset      = > reset,          - -顶层设计实体的外部输入信号 reset
    d_input    = > data,           - -顶层设计实体的外部输入信号 data
    clk        = > clk,            - -顶层设计实体的外部输入信号 clk
write          = > wen ,           - -顶层设计实体的外部输入信号 wen
sel            = > sel02,
q_output       = > reg02
);


Areg03: reggister_16 port map(              - -16 位寄存器 R3
    reset      = > reset,          - -两个 reset 信号的映射
    d_input    = > data,           - -顶层设计实体的外部输入信号 data
    clk        = > clk,            - -顶层设计实体的外部输入信号 clk
    write      = > wen,            - -顶层设计实体的外部输入信号 wen
    sel        = > sel03,
    q_output   = > reg03
     );
decoder:   decoder2_to_4 port map( - 2—4 译码器
    sel        = > wr_port,        - -顶层设计实体的外部输入信号 wr_port
    sel00      = > sel00,
    sel01      = > sel01,
    sel02      = > sel02,
    sel03      = > sel03
     );


mux:   mux_4_to_1 port map(       - -4 选 1 多路器
    input0     = > reg00,
    input1     = > reg01,
    input2     = > reg02,
    input3     = > reg03,
```

```
    sel      => rd_port,      --顶层设计实体的外部输入信号 rd_port
out_put  => data_out         --顶层设计实体的输出信号 q_out
    );
end struct;
```

实验五　时序部件的设计

1. 实验目的

(1) 加深理解计算机控制器中,时序部件的基本组成和工作原理;

(2) 掌握起停电路、节拍脉冲发生器的工作原理、电路结构及设计方法。

2. 实验内容

时序部件用来产生计算机在执行机器指令过程中的时序信号。计算机在工作过程中,是一个指令周期紧接一个指令周期,在一个指令周期内部是一个机器周期紧接一个机器周期,在一个机器周期内部是一个接节拍紧接一个节拍的工作。在各条不同指令的不同机器周期的不同节拍中应产生什么微操作控制信号是由指令操作流程图严格规定的,所以时序部件要产生各机器周期中的节拍信号。

时序部件通常由脉冲源(一般由机器的晶振电路提供)、节拍电位发生器和启停逻辑三部分构成。

(1) 启停电路的功能:对脉冲源产生的主频脉冲进行完整有效的控制,保证计算机时序电路能够准确的启动和停止,见实验图 5-1。

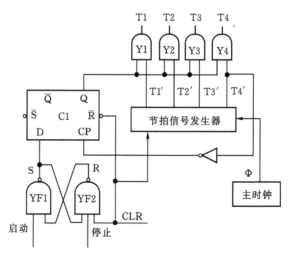

实验图 5-1　脉冲节拍信号发生器框图

（2）实现节拍脉冲发生器的功能：按照指令周期和机器周期的要求，产生相应的工作脉冲和节拍电平，形成系统所需要的时序。参见实验图 5 - 2、实验图 5 - 3。

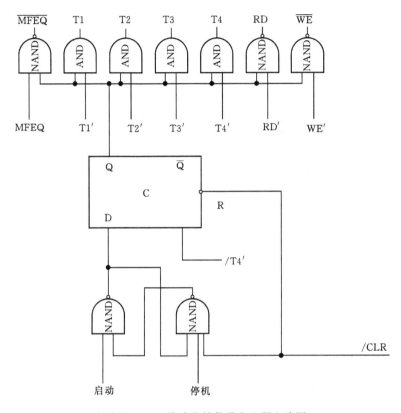

实验图 5 - 2　脉冲节拍信号发生器电路图 1

3. 实验要求

（1）设计出在一个指令周期下产生四个时钟节拍信号的时序部件，包括，启停部件、节拍脉冲发生器等；对参考电路先进行分析。

（2）观察主时钟发生器、启停部件、节拍脉冲发生器之间的时序关系，定量分析相关仿真波形。

4. 参考例程及电路图

时序部件的源代码：

－－时序部件的顶层：

```
library ieee;
use ieee.std_logic_1164.all,IEEE.NUMERIC_STD.ALL;
entity timing is
```

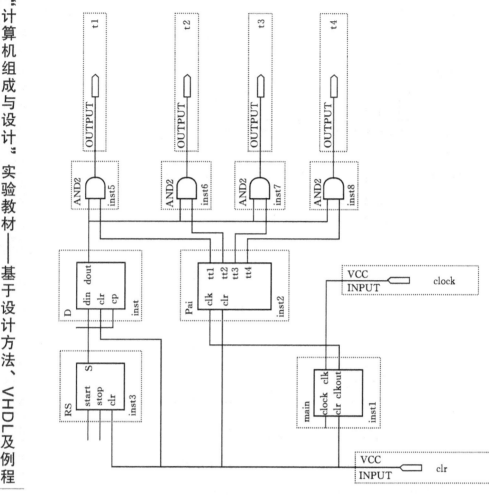

实验图 5-3　脉冲节拍信号发生器电路图 2

```
port
    (
        clock : in std_logic;
        clr : in std_logic;          - -清 0
        start : in std_logic;        - -启动信号
        stop : in std_logic;
        t1 : out std_logic;
        t2 : out std_logic;
        t3 : out std_logic;
```

```vhdl
        t4 : out std_logic;
        tt1 : buffer std_logic;
        tt2 : buffer std_logic;
        tt3 : buffer std_logic;
        tt4 : buffer std_logic;
        sin : buffer std_logic;
        sout : buffer std_logic;
        clkout : out std_logic
    );
end timing;
architecture structure of timing is
signal clk : std_logic;
signal din : std_logic;
signal dout : std_logic;
component main is
port
    (
        clock : in std_logic;        --原始时钟信号
        clr : in std_logic;          --清 0
        clk : buffer std_logic;      --分频后信号
        clkout : out std_logic
    );
end component;
component RS is
port
    (
        start : in std_logic;
        stop : in std_logic;
        clr : in std_logic;
        s : buffer std_logic
    );
end component;
component D is
port
```

```
        (
            din : in std_logic;
            clr : in std_logic;
            cp : in std_logic;
            dout : out std_logic
        );
end component;
component Pai is
port
        (
            clk : in std_logic;
            clr : in std_logic;
            tt1 : buffer std_logic;
            tt2 : buffer std_logic;
            tt3 : buffer std_logic;
            tt4 : buffer std_logic
        );
end component;
begin
        Com1 : main port map
        (
            clock = >clock,
            clr = >clr,
            clk = >clk,
            clkout = >clkout
        );
        Com2 : RS port map
        (
            start = >start,
            stop = >stop,
            clr = >clr,
            s = >din
        );
        Com3 : D port map
```

```
        (
            din  = >din,
            clr  = >clr,
            cp   = >tt4,
            dout = >dout
        ) ;
        Com4 ; Pai port map
        (
            clk  = >clk,
            clr  = >clr,
            tt1  = >tt1,
            tt2  = >tt2,
            tt3  = >tt3,
            tt4  = >tt4
        ) ;
        t1< = tt1 and not dout;
        t2< = tt2 and not dout;
        t3< = tt3 and not dout;
        t4< = tt4 and not dout;
end structure;
主时钟发生器:
library ieee;
use ieee.std_logic_1164.all,IEEE.NUMERIC_STD.ALL;
use ieee.std_logic_arith.all;
use ieee.std_logic_unsigned.all;
entity main is
port
    (
            clock ; in std_logic;           --原始时钟信号
            clr ; in std_logic;             --清 0
            clk ; buffer std_logic;         --分频后信号
            clkout ; out std_logic
    ) ;
end main;
```

```vhdl
architecture behav of main is
signal count : std_logic_vector(31 downto 0);
begin
        process(clock,clr)
        begin
            if clr = '0' then
                count< = (others = >'0');
            elsif (clock'event and clock = '1') then
                count< = count +'1';
                if count = 5 then          - - 分频,一秒为一个周期
                        count< = x"00000000";
                        clk< = not clk;
                end if;
            end if;
        end process;
        clkout< = clk;
end behav;
- - RS 启停电路:
library ieee;
use ieee. std_logic_1164. all;
entity RS is
port
    (
        start : in std_logic;
        stop : in std_logic;
        clr : in std_logic;
        s : buffer std_logic
    );
end RS;
architecture behav of RS is
signal r : std_logic;
begin
        r< = not(clr and stop and s);
        s< = not (start and r);
```

```vhdl
end behav;
--D触发器保持电路：
ibrary ieee;
use ieee.std_logic_1164.all;
entity D is
port
    (
        din : in std_logic;
        clr : in std_logic;
        cp : in std_logic;
        dout : out std_logic
    );
end D;
architecture behav of D is
begin
    process(clr,cp)
    begin
        if clr = '0' then
            dout <= '0';
        elsif(cp'event and cp = '0') then
            dout <= din;
        end if;
    end process;
end behav;
--D触发器保持电路：
library ieee;
use ieee.std_logic_1164.all;
entity Pai is
port
    (
        clk : in std_logic;
        clr : in std_logic;
        tt1 : buffer std_logic;
        tt2 : buffer std_logic;
```

```
            tt3 : buffer std_logic;
            tt4 : buffer std_logic
        );
end Pai;
architecture behav of Pai is
begin
        process(clr,clk)
        begin
            if clr = '0' then
                tt1< = '1';
                tt2< = '0';
                tt3< = '0';
                tt4< = '0';
            elsif (clk'event and clk = '1') then
                tt1< = tt4;
                tt2< = tt1;
                tt3< = tt2;
                tt4< = tt3;
            end if;
        end process;
end behav;
```

实验六　寻址电路的设计和实现

1. 实验目的

(1)理解程序寻址电路的工作过程；

(2)掌握程序计数器 PC、存储器等数据通路的形成及使用。

2. 工作原理

在程序执行中，CPU 依据 PC 的值来确定所访问的内存单元。程序初始，PC 指向程序的第一条语句所在的内存地址。若程序顺序执行，每执行一条语句，PC 的值就会自动加一；当遇到跳转语句时，PC 的值要改变成将要跳转的地址，所以，PC 的控制在 CPU 的整个运行中起着至关重要的作用，它"指挥"程序的顺序执行及跳转。

在形成下地址(目的地址)的过程中。需要依据指令的格式及时钟的同步，参见实验图 6-1 和实验图 6-2。

实验图 6-1　指令格式

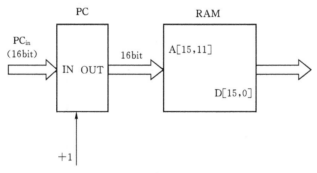

实验图 6-2　PC 与 RAM 连接框图

3. 设计思路及方法

(1)先实现 PC 的功能，PC 由 PC_inc、PC_clr、PC_load 三个信号来控制。若

信号有效,分别实现:(PC)+1(顺序执行);PC值清零;把外部送来的跳转地址赋给 PC(无条件跳转、条件转移)。

(2)在实现 PC 的基础上,分别连接存储器、PCS 选择器、IR 等部件构成数据通路,通过对存储器的访问,观察这个寻址过程。

4.实验要求

(1)完成指令顺序执行的寻址电路的设计和调试,即,通过 PC 与 RAM 器件之间连接来观察它们的寻址过程;见实验图 6-3。

(2)完成多指令执行的寻址电路的设计和调试,即,通过 PC、PCS(PC 选择器,不同类型的指令形成不同的下地址)与 RAM 器件之间连接来观察它们的寻址过程;在寻址过程中需要时序的配合,见实验图 6-3,t1、t2、t3 和 t4 是分频的关系。

(3)若依次加上 IR、ALU 等部件,如何完成上述的功能?

(4)定量分析仿真波形图及结果。

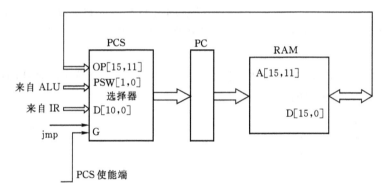

实验图 6-3 PC、RAM、PCS 连接框图

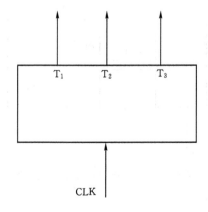

实验图 6-4 时钟分频框图

5. 参考例程

PC 程序寄存器

```vhdl
library ieee;
use ieee.std_logic_1164.all;
use ieee.std_logic_unsigned.all;
entity PC_counter is
    port ( pc_clk :   in   std_logic;
          pc_inc :    in   std_logic;                        --PC 加 1
          pc_clr :    in   std_logic;                        --PC 清零
          pc_load :   in   std_logic;                        --PC 使能
          pc_in :     in   std_logic_vector(15 downto 0);    --PC 输入
          pc_out :    out std_logic_vector(15 downto 0)      --PC 输出
    );
end PC_counter;
architecture behav of PC_counter is
   signal pc_temp    : std_logic_vector(15 downto 0);        --暂存
begin
  process(pc_clk,pc_inc,pc_in,pc_clr,pc_load,pc_data)
  begin
      if(pc_clk'event and pc_clk = '0') then
        if(pc_load = '1') then
           pc_temp <= pc_in;
        end if;
        if(pc_inc = '1') then
            pc_temp <= pc_temp + 1;
        end if;
        if   pc_clr = '0' then
            pc_temp <= "0000000000000000";
            pc_out <= "0000000000000000";
        end if;
      end if;
      pc_out<= pc_temp;
  end process;
end behav;
```

PC 寻址电路模块例程 2

```
library ieee;
use ieee.std_logic_1164.all;
use ieee.std_logic_unsigned.all;
use ieee.std_logic_arith.all;
entity PCC is
port(
    p_en: in std_logic;                 - - 使能信号
    jmp: in std_logic;                  - - 无条件跳转控制信号
    data: in std_logic_vector(7 downto 0);
    psw: in std_logic_vector(7 downto 0);
    op: in std_logic_vector(3 downto 0);
    pc: out std_logic_vector(7 downto 0)
    );
end PCC;
architecture behav of PCC is
- - signal retmp: std_logic_vector(8 downto 0);
signal z : std_logic;               - - 零标志状态位
signal c: std_logic;                - - 进位标志状态位
signal temp: std_logic_vector (7 downto 0): = "00000000"; - - temp 暂
存器,形成目的地址
    begin
    z< = psw(1);
    c< = psw(0);
    process(p_en)
    begin
    if p_en'event and p_en = '1' then
    if jmp = '0' then
    temp < = temp + "00000001";   - - pc + 2 point to next IR
    else
    case opr(3 downto 0) is
    when "0111" = >             - - NOP 指向下一个单元
    temp < = temp + "00000001";
    when "0010" = >             - - JMP 无条件跳转;这里目的地址是8bit;而存
```

储器地址端为 16bit 或 32bit；该如何修改句子？ 以下同。

```
temp < = data;
when "0011" = >          - - JNC
if c = ´0´ then
temp < = data;
else
temp < = temp + "00000001";
end if;
when "0100" = >          - - JNZ
if z = ´0´ then
temp < = data;
else
temp < = temp + "00000001";
end if;
when others = >
temp < = temp + "00000001";
end case;
end if;
pc< = temp;
- - else
- - pc< = temp;
end if;
end process;
end behav;
```

实验七　内部存储器的设计与实现

1. 实验目的

学习和掌握存储器的工作原理、工作时序和具体操作,进一步熟悉开发平台和VHDL语言。

2. 实验内容

(1) 利用硬件描述语言 VHDL 设计一个内部存储器(RAM/ROM/FIFO等),容量为 256 * 32bit 或 1K * 32bit);

(2)完成对存储器的访问,观察与操作所需的各种信号(地址、数据及控制总线)。

3. 实验要求

(1)写出实现以上功能的器件的 VHDL 代码并反映出设计思路(利用流程图、状态图等);

(2)对访问存储器的仿真波形进行仔细的分析,画出存储器的读写周期(时序);

(3)编写代码去掉仿真波形中的"毛刺";

(4)分析仿真波形图及观察结果;

(5)记录设计和调试过程。

4. 参考例程

例程 1:

```
LIBRARY IEEE;
USE IEEE.STD_LOGIC_1164.ALL;
USE IEEE.STD_LOGIC_unSIGNED.ALL;
ENTITY RAM IS
  PORT(
    address: in std_logic_vector(7 downto 0);
    data_in : in std_logic_vector(15 downto 0);
    write, read, cs: in std_logic;
    data_out: out std_logic_vector(15 downto 0)
    );
end RAM;
```

```
ARCHITECTURE behave of RAM IS
SUBTYPE word is std_logic_vector(15 downto 0);
type memory is array (0 to 255)OF word;
signal sram: memory;
  begin
    write_op:process(write)            --写进程
  begin
    if(write'event and write = ´1´) then        -- 不能同时读写
      if(cs = ´1´ and read = ´0´) then
        sram(conv_integer(address))< = data_in;
      end if;
    END IF;
end process;
read_op:process(cs,read)          --read 进程
  begin
  if cs = ´1´ and read = ´1´ then
    data_out< = sram(conv_integer(address));
  else
    data_out< = (others = >´Z´);          --其他情况输出高阻态
  END IF;
END PROCESS;
END BEHAVE;
例程 2：
library ieee;
use ieee.std_logic_1164.all;
use ieee.std_logic_arith.all;
use ieee.std_logic_unsigned.all;
entity mem is
  port
  (
      address    :    in    std_logic_vector(7 downto 0);
      mem_in     :    in    std_logic_vector(15 downto 0);
      clk        :    in    std_logic;
      rd         :    in    std_logic;
```

```
    wr              :      in      std_logic;
    mem_out         :      out     std_logic_vector(15 downto 0)
  );
end mem;
architecture behav of mem is
  subtype mem_word  is      std_logic_vector(15 downto 0);
  type memory       is      array(0 to 5) of mem_word;
  signal mem_initial : memory: =
  ((x"2710"),(x"1021"),(x"2730"),(x"0023"),(x"0313"),(x"0a10")) ;
begin
  process(rd,wr,clk,address,mem_in,mem_initial)
  begin
    if(clk'event and clk = '0') then
      if(wr = '1') then
        mem_initial(conv_integer(address))< = mem_in;
      end if;
    end if;
    if(rd = '1') then
      mem_out< = mem_initial(conv_integer(address));
    else
      mem_out< = (others = >'Z');
    end if;
  end process;
end behav;
```

实验八　数据通路的设计和实现

1. 实验目的

(1)理解数据通路的构成和工作过程；

(2)掌握寄存器、总线及 ALU 等器件之间的数据的传输路径和控制方法。

2. 实验内容及要求

(1)设计寄存器、总线和多路复用器等模块；

(2)掌握控制信号的使用，完成寄存器与总线、寄存器之间的数据的传输，如 R0 的内容通过多路复用器经总线传到 Rn 中，见实验图 8-1；

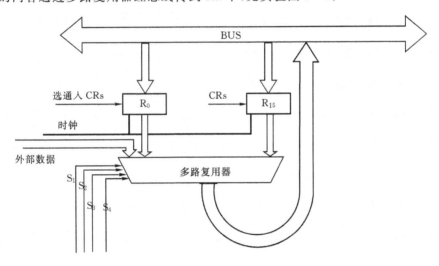

实验图 8-1　数据通路 1

(3)掌握时钟的同步作用；

(4)若加上 ALU 等部件，见实验图 8-2，完成功能：R0＋R2 的结果(值)送 R15，指出它们的执行路径；

(5)若在总线上"挂"上 RAM 等部件，完成功能：R0＋RAM(Address)的结果 (值)送 R15；指出它们的执行路径；

(6)分析仿真波形图及观察结果。

3. 电路框图

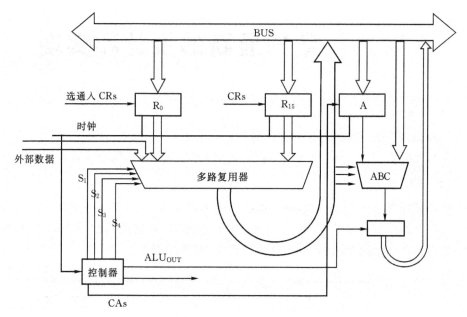

实验图 8-2　数据通路 2

实验九 三级时序电路模块的设计和仿真分析

1. **实验目的**

掌握三级时序电路的产生方法,进行时序波形的定量分析训练。

2. **实验内容**

"三级时序"由指令周期、机器周期、节拍点位和节拍脉冲组成,设计一个控制器所用的三级时序模块,其产生的时序波形图参见实验图9-1(clk 为时钟脉冲、1个指令周期含4个机器周期、1个机器周期含4个节拍点位,波形需完善)。

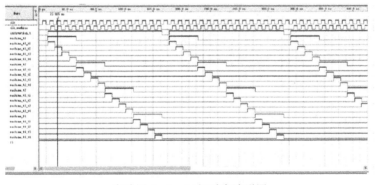

实验图 9-1 三级时序波形图

3. **实验要求**

(1)写出实现以上功能的 VHDL 代码并反映出设计思路(利用流程图、状态图等);

(2)画出产生"三级时序"波形的电路框图;

(3)记录设计和调试过程,包括:出现了什么问题(截图)及如何解决等。

4. **例程说明**

在时序部件设计过程中,假设一条指令的执行需要4个机器周期,每个机器周期又分成4个时钟周期,在一条指令执行完成之后,空余一个时钟周期作为一条指令执行完成之后的缓冲也可以表明一条指令执行完成。因此一条指令的执行周期

共有 17 个时钟周期,在编码中定义一个临时信号矢量"temp:out std_logic_vector
(16 downto 0)",用信号矢量状态来表征 17 个时钟周期中的周期。

参考例程:

```
library ieee;
use ieee.std_logic_1164.all;
entity timer is
port ( clk: in std_logic;
    rs : in std_logic;
    instruction_t: out std_logic;
    machine_t1: out std_logic;
    machine_t2: out std_logic;
    machine_t3: out std_logic;
    machine_t4: out std_logic;    --分别表示一条指令执行的第一个
                                    机器周期中的 4 个时钟周期。其
                                    余以此类推。

    machine_t1_t1: out std_logic;
    machine_t1_t2: out std_logic;
    machine_t1_t3: out std_logic;
    machine_t1_t4: out std_logic; --分别表示一条指令执行的第一个
                                    机器周期中的 4 个时钟周期。

    machine_t2_t1: out std_logic;
    machine_t2_t2: out std_logic;
    machine_t2_t3: out std_logic;
    machine_t2_t4: out std_logic;
    machine_t3_t1: out std_logic;
    machine_t3_t2: out std_logic;
    machine_t3_t3: out std_logic;
    machine_t3_t4: out std_logic;
    machine_t4_t1: out std_logic;
    machine_t4_t2: out std_logic;
    machine_t4_t3: out std_logic;
    machine_t4_t4: out std_logic
    );
end timer;
```

```
architecture behave of timer is
signal temp ;std_logic_vector(16 downto 0);   - - temp:临时的信号矢量
begin
process(rs,clk)
begin
if rs = ´0´ then
   temp < = "00000000000000000";
elsif (clk´,´event and clk = ´1´) then
case temp is     - - 在遇到 clk 信号上升沿时,temp 信号矢量发生变化
when "00000000000000000" = >
   temp < = "00000000000000001";
when "00000000000000001" = >
   temp < = "00000000000000010";
when "00000000000000010" = >
   temp < = "00000000000000100";
when "00000000000000100" = >
   temp < = "00000000000001000";
when "00000000000001000" = >
   temp < = "00000000000010000";
when "00000000000010000" = >
   temp < = "00000000000100000";
when "00000000000100000" = >
   temp < = "00000000001000000";
when "00000000001000000" = >
   temp < = "00000000010000000";
when "00000000010000000" = >
   temp < = "00000000100000000";
when "00000000100000000" = >
   temp < = "00000001000000000";
when "00000001000000000" = >
   temp < = "00000010000000000";
when "00000010000000000" = >
   temp < = "00000100000000000";
when "00000100000000000" = >
```

```
    temp <= "00001000000000000";
when "00001000000000000" =>
    temp <= "00010000000000000";
when "00010000000000000" =>
    temp <= "00100000000000000";
when "00100000000000000" =>
    temp <= "01000000000000000";
when "01000000000000000" =>
    temp <= "10000000000000000";
when "10000000000000000" =>
    temp <= "00000000000000001";
when others =>
    temp <= "XXXXXXXXXXXXXXXXX";
end case ;
end if;
end process;
machine_t1_t1 <= temp(0);      -- 将 temp(0)赋给第一个机器周期中的
                                  第一个时钟周期

machine_t1_t2 <= temp(1);
machine_t1_t3 <= temp(2);
machine_t1_t4 <= temp(3);
machine_t1 <= temp(0) or temp(1) or temp(2) or temp(3);
machine_t2 <= temp(4) or temp(5) or temp(6) or temp(7);
machine_t2_t1 <= temp(4);      -- 将 temp(4)信号赋给第二个机器周期
                                  中的第一个时钟周期

machine_t2_t2 <= temp(5);
machine_t2_t3 <= temp(6);
machine_t2_t4 <= temp(7);
machine_t3 <= temp(8) or temp(9) or temp(10) or temp(11);
machine_t3_t1 <= temp(8);      -- 将 temp(8)信号赋给第二个机器周期
                                  中的第一个时钟周期

machine_t3_t2 <= temp(9);
machine_t3_t3 <= temp(10);
machine_t3_t4 <= temp(11);
```

machine_t4 < = temp(12) or temp(13) or temp(14) or temp(15);

machine_t4_t1 < = temp(12);　　　－－将 temp(12)信号赋给第二个机器周

期中的第一个时钟周期

machine_t4_t2 < = temp(13);

machine_t4_t3 < = temp(14);

machine_t4_t4 < = temp(15);

instruction_t < = not temp(16);　　－－在第 17 个时钟周期出现低电平

表示一条指令执行结束

end behave;

实验图 9－2 是仿真结果。

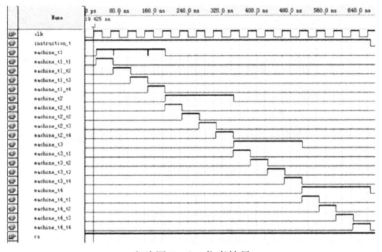

实验图 9－2　仿真结果

注：上图有毛刺存在，指令周期不完整。

实验十　指令译码器（硬连线控制器）电路的设计和实现

1. 实验目的

（1）理解指令译码器的作用和重要性；

（2）学习设计指令译码器。

2. 实验原理

硬连线控制器，即组合逻辑控制器现在 RISC 机中被广泛使用。指令译码器电路是计算机控制器中核心部件，所以，我们先掌握指令译码器电路的设计。

指令译码器的逻辑电路有三个输入信号：①指令操作码译码器的输出 In；②来自时序发生器的节拍电位信号 Tk；③来自执行部件的反馈信号 Bj。

指令译码器的逻辑电路有一个输出信号：微操作控制信号，它用来对执行部件进行控制。

常用公式描述为：$Cm = f(In, Tk, Bj)$；

公式的含义：某一微操作控制信号 Cm 是指令操作码译码器的输出 In、时序信号（节拍电位信号 Tk）和状态条件信号 Bj 的逻辑函数。

用这种方法设计控制器，依据每条指令的功能，在规定的机器周期、节拍电位和时序脉冲下，产生相应的微操作，其控制整个计算机的运行；它在一个指令周期内完成一条指令所规定的全部操作。

一般来说，组合逻辑控制器的设计步骤如下。

（1）绘制指令流程图

为了确定指令执行过程所需的基本步骤，通常是以指令为纲，按指令类型分类，将每条指令归纳成若干微操作，然后根据操作的先后次序画出流程图。

（2）安排指令操作时间表

指令流程图的进一步具体化，把每一条指令的微操作序列分配到各个机器周期的各个时序节拍信号上。要求尽量多的安排公共操作，避免出现互斥。

（3）安排微命令表

以指令流程图为依据，表示出在哪个机器周期的哪个节拍有哪些指令要求哪些微命令。

（4）进行微操作逻辑综合

根据微操作时间表，将执行某一微操作的所有条件（哪条指令、哪个机器周期、哪个节拍和脉冲等）都考虑在内，加以分类组合，列出各微操作产生的逻辑表达式，并简化。

（5）实现电路

根据上面所得逻辑表达式，用硬件电路模块来实现。

3. 实验要求

由于产生的微操作要去控制所有部件的动作，而整体部件的设计在本实验中还不能全部涉及，所以，我们仅根据指令的功能完成相应的微操作。

（1）假设有如下指令及其格式：

ADD DR,SR

指令格式：

0000	DR	SR	0000	0111

功能：DR ← DR ＋ SR，影响 C 和 Z 标志。PC ← PC ＋ 1。

INC DR

指令格式：

0000	DR	SR	0000	0111

功能：DR ← DR ＋ 1，影响 C 和 Z 标志。PC ← PC ＋ 1。

SUB DR,SR

指令格式：

0010	DR	SR	0000	0111

功能：DR ← DR － SR，影响 C 和 Z 标志。PC ← PC ＋ 1。

DEC DR

指令格式：

0011	DR	SR	0000	0111

功能：DR ← DR － 1，影响 C 和 Z 标志。PC ← PC ＋ 1。

AND DR,SR

指令格式：

0100	DR	SR	0000	0011

功能：DR ← DR and SR，影响 Z 标志。PC ← PC ＋ 1。

OR DR,SR

指令格式:

0101　　DR　　SR	0000　　0011

功能:DR ← DR or SR,影响 Z 标志。PC ← PC + 1。

NOT DR

指令格式:

0110　　DR　　SR	0000　　0011

功能:DR ← not DR,影响 Z 标志。PC ← PC + 1。

MOV DR,SR

指令格式:

0111　　DR　　SR	0000　　0001

功能:DR ← SR,不影响标志位。PC ← PC + 1。

JMP ADR

指令格式:

1000　　0000	0000　　0000
ADR	

功能:PC ← ADR。

JNC ADR

指令格式:

1001　　0000	ADR−@−1

功能:如果 C=0,则 PC ← ADR;如果 C=1,则 PC ← PC + 1。

JNZ ADR

指令格式:

1010　　0000	ADR−@−1

功能:如果 Z=0,则 PC ← ADR;如果 Z=1,则 PC ← PC + 1。

MVRD DR,DATA

指令格式:

1100　　0000	0000　　0000
DATA	

功能:DR ← DATA。PC ← PC + 2。

LDR DR,SR

指令格式：

1101 DR SR	0000 0001

功能：DR ← [SR]。PC ← PC + 1。

STR SR,DR

指令格式：

1110 DR SR	0000 0000

功能：[DR] ← SR。PC ← PC + 1。

NOP

指令格式：

0111 0000	0000 0000

功能：PC ← PC + 1。

（2）根据以上指令寄存器 IR 的值产生 CPU 所需要的各种控制信号和其他信号：

SR　　　　　　源寄存器号。

DR　　　　　　目的寄存器号。

I_op_code　　控制 ALU 进行 8 种运算操作的 3 位编码。

I_jnz　　　　为 1 表示本条指令是条"JNZ ADR"指令。

I_jnc　　　　为 1 表示本条指令是条"JNC ADR"指令。

I_jmp　　　　为 1 表示本条指令是条"JMP ADR"指令。

I_DRWr　　　为 1 表示在 t3 的下降沿将本条指令的执行结果写入目的寄存器。

I_Mem_Write 为 1 表示本条指令有存储器写操作；

I_DW　　　　为 1 表示本条指令是双字指令。

I_change_z　为 1 表示本条指令改变 z(结果为 0)标志。

I_change_c　为 1 表示本条指令改变 c(进位)标志。

I_sel_memdata为 1 表示本条指令写入目的寄存器的值来自读存储器。

I_jmp_addr　　计算条件转移指令转移地址所需要的 16 位相对地址。它是由条件转移指令中的 8 位相对地址经过符号扩展生成的。

（3）根据以上需求，设计和实现其功能电路；或根据自己的需求来设计指令功能、格式及相关的微操作。

（4）写出指令与相关微操作的对应表。

（5）以上描述未涉及状态位(如 z、c 标志)，若考虑它们，该如何设计？

（6）详细记录整个实验过程(如，实践过程中遇到问题是如何思考和解决的，相关的截图)。

实验十一 多模块并行执行的设计

1. 实验目的

理解和掌握多个模块（进程）之间执行的并行时序关系。

2. 实验内容

在 VHDL 中,同一个构造体中可以有多个子模块,它可以通过 PROCESS 语句来产生。当多个敏感信号中的任一个发生变化时,启动该进程,依次将它的语句执行一遍,然后返回到 PROCESS 语句的开始,等待下一次敏感信号的变化。

模块通过敏感信号来启动,模块之间通过信号来联系。

利用进程语句来设计多模块结构,观察模块之间的通信、运行规律（并行关系）。

3. 实验要求

（1）利用 PROCESS 语句描述一个构造体内的两个模块电路,完成它们之间的数据通信,分析它们之间的并行关系;

（2）定量分析仿真波形图;

（3）若是一个构造体内有大于两个模块,该如何设计它们之间的通信和分析它们的并行执行?

4. 参考例程

```
LIBRARY IEEE ;
USE IEEE.STD_LOGIC_1164.ALL;
ENTITY Dmodule communication IS
PORT ( TriggerA : IN STD_LOGIC;        - - 定义进程 A 的外部触发信号
  OutputA, OutputB : OUT STD_LOGIC);       - - 定义输出信号
END ENTITY Dmodule communication ;
ARCHITECTURE Interactive OF Dmodule communication IS
SIGNAL Start _A, Start _B : bit : = 𝟢 ;  - - 定义两个内部信号,分别触发
进程 A、B;
BEGIN
  - - 进程 A 的进程名是 PRO_A
PRO_A : PROCESS (TriggerA, Start _A )
```

```
                BEGIN
                IF (TriggerA'EVENT AND TriggerA = '1' )
                   OR ( comm_A'EVENT AND comm_A = '1' ) THEN
                       Start _B < = '1' AFTER 30 ns ;
                              '0' AFTER 60 ns ;
                       OutputA < = '1' AFTER 30 ns ;
                              '0' AFTER 20 ns ;
                END IF ;
                END PROCESS PRO_A
     - - 进程 B 的进程名是 PRO_B
   PRO_B : PROCESS (Start _B )
                BEGIN
                IF ( comm_B'EVENT AND comm_B = '1' ) THEN
                       Start _A < = '1' AFTER 30 ns ;
                              '0' AFTER 60 ns ;
                       OutputB < = '1' AFTER 30 ns ;
                              '0' AFTER 20 ns ;
                END IF ;
                END PROCESS PRO_B ;
   END ARCHITECTURE Interactive ;
```

进程 A 由外部触发信号 TriggerA 启动,然后执行进程 A 内代入语句,导致信号 Start _B 的值的变化,又启动了 B 进程;在 B 进程内,执行代入语句使信号 Start _A 发生变化,又启动了 A 进程;这样,A、B 两个进程相互交替触发、启动使两进程(模块)同步运行。

实验十二　程序包的使用

1. 实验目的

掌握程序包的使用方法。

2. 实验内容及要求

(1) 程序包由包头和包体两部分组成：

package 程序包名 is 　　　—— 程序包头声明

　　［说明语句］；

end 包集合名；

package body 程序包名 is 　　　—— 程序包体声明

　　［说明语句］；

end 包集合名；

(2) 将已经设计完成的实例改成利用程序包的方法设计；

(3) 比较两种方法的结果。

　　仍以实验二中的四选一选择器为例，说明利用程序包进行设计的过程：低层的设计实体 Mux21、decoder2_4 和 Eecoder 2 _4 保持不变，增加一个程序包 Mux4_1 _components。

3. 参考例程

步骤：

(1)建立程序包 Mux4_1_components

```
library ieee;
  use ieee.std_logic_1164.all;
    Pachage Mux4_1_components is
      component MUX21        --声明"选择器"
          PORT( w0,w1 : IN STD_LOGIC;
              s: IN STD_LOGIC;
              y: OUT STD_LOGIC );
        end component;
        component decoder2_4        --声明"译码器"
```

```
            PORT(w:IN STD_LOGIC_VECTOR(1 DOWNTO 0);
                I:OUT STD_LOGIC_VECTOR(3 DOWNTO 0));
        end component;
        component Eecoder 2 _4          --声明"编码器"
            PORT(w:IN STD_LOGIC_VECTOR(1 DOWNTO 0);
                I:OUT STD_LOGIC_VECTOR(3 DOWNTO 0));
        end component;
    end Mux4_1_components;
```

（2）顶层设计实体 Mux4_1 修改如下：

```
library ieee;
USE ieee.std_logic_1164.all;
USE IEEE.STD_LOGIC_ARITH.ALL;
USE IEEE.STD_LOGIC_UNSIGNED.ALL;
use work.and_or_components.all;  --指明调用的程序包,使其对包外可见
entity Mux4_1 is
    port(a1,a2,a3,a4: in std_logoc;
        s1,s2: in std_logoc;
      Mux4_1_out: out std_logic);
end Mux4_1 ;
architecture struct of Mux4_1 is
    signal I1,I2,I3,I4: std_logic;  --说明编码器与其他元件间使用的信号
    signal b1,b2,b3,b4,b5: std_logic;  --声明元件之间的内部连线的信号
begin
M1:mux21 port map           --对 mux21 的一次例化
  (W0 => a1,
  W1 => a2,
  y  => b1);
M2:mux21 port map           --对 mux21 的一次例化
  (W0 => a3,
  W1 => a4,
  y  => b2);
M3:mux21 port map           --对 mux21 的一次例化
  (  W0 => b1,
  W1 => b2,
```

```
    y    = >  Mux4_1_out);
E4：encoder2_4 port map      - - 对 dncoder2_4 的一次例化
    (W0 = >s1,
    W1 = > s2,
    I1    = > b3
    I2    = > b4
    I1    = > b5);
end struct；
```

上例可看出,在一个工程中使用程序包的结果:增加了一个包文件,在高层实体中省去了对各元件的声明,各文件都在一个工程(名)下,文件简明易读。

附　录

附录 1
Xilinx ISE 开发平台的应用
(基于 PL 的处理器 /数字系统的设计)

ISE,Integrated Software Environment,是 Xilinx 公司的硬件设计工具。主要用于 PLD 设计。它将先进的技术与灵活性、易使用性的图形界面结合在一起,让设计者在最短的时间,以最少的努力,达到最佳的硬件设计。

以下两个实验描述了一个简单电路的设计和调试的完整过程(包括电路的设计、仿真、综合、激励和下载等);以便学生快速掌握 ISE 工具的使用方法及如何利用它在 ZC7Z020 EPP 芯片(可编程逻辑 PL 中)上进行电路(系统)的设计和实现。

实验一　熟悉 ISE 开发环境

1.熟悉 ISE 开发环境

双击桌面的 Xilinx ISE 图标,见附录图 1 - 1;或单击"开始—Xilinx ISE 14.2—Project Navigator"打开 ISE 开发环境;进入 ISE 主界面,见附录图 1 - 2。

附录图 1 - 1　Xilinx ISE 图标

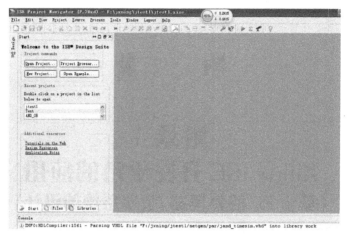

附录图1-2 ISE主界面

2. 创建一个新的工程

在 ISE 开发环境中单击"File—New—Project"或点击"Start"标签,再单击"New Project..."按钮,进入"Creat New Project"窗口,输入工程名称"jt3"并选择存放路径,见附录图1-3。

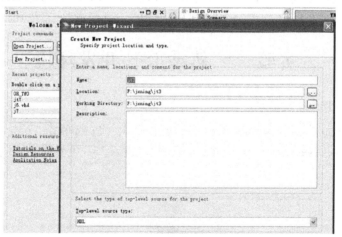

附录图1-3 创建新工程窗口

单击"next"按钮,进入"Project Setting"页面。

3. 设置工程属性

一般不需要修改(针对不同 Device 中的各种属性需要稍作修改),见附录图1-4。

单击 Next 和 Finish 按钮后,新的工程就创建好了。

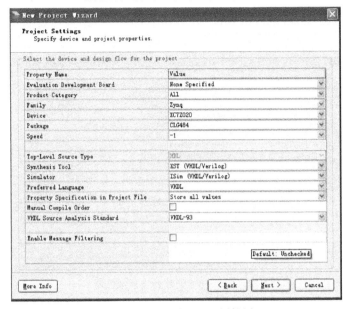

附录图 1-4　设置工程属性图

4.总览工程

工程的整体设置情况,如附录图 1-5 所示。

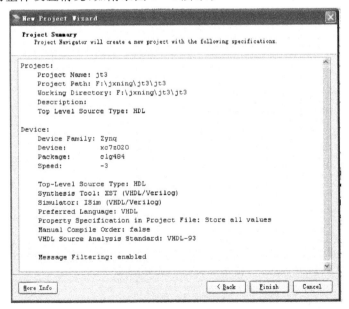

附录图 1-5　总览工程

5. 添加新源(设计模块)

(1)鼠标移到图的左上边界位置"Design"标签,会出现下拉菜单,点击"New Source"按钮;见附录图1-6。

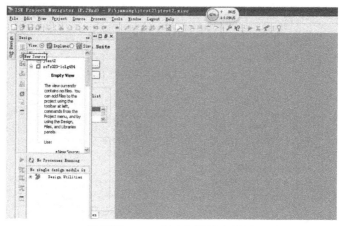

附录图1-6　创建新设计文件图

(2)新建文件模型的选择

在弹出的窗口中,选择"VHDL Module",键入文件名"jt3",完成新建文件,见附录图1-7;单击"Next"按钮后,进入端口模式和属性设置,见附录图1-8。

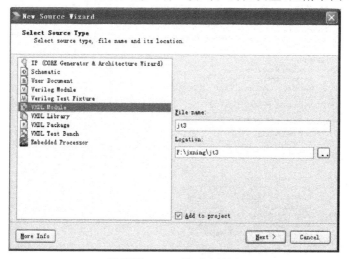

附录图1-7　模型选择图

(3)设置端口模式和属性

填入端口(输入 a,b,输出 z)名称和属性(in、out),见附录图1-8。

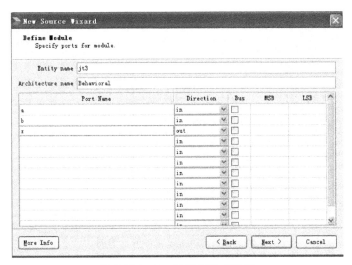

附录图 1-8　设置端口属性图

点击"Next"键确认端口属性,然后单击"Finish"按钮,"源文件向导"会自动生成源文件的框架,显示"信号汇总",见附录图 1-9。

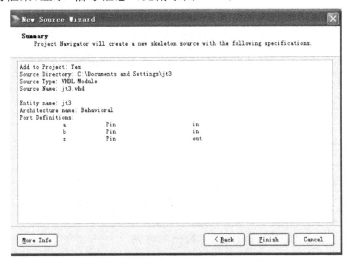

附录图 1-9　端口模式和属性汇总图

(4)添加设计模块的功能描述

因源文件的框架已经给出,所以需要的基本库文件和模块的端口已经定义,参见附录图 1-10,用户只需将模块的功能描述语句(阴影部分)加入到结构体中即可。见附录图 1-11,点击"Save"存盘。

附录图 1-10　源文件的框架图

```
15  -- Revision:
16  -- Revision 0.01 - File Created
17  -- Additional Comments:
18  --
19  ----------------------------------------------------------------------
20  library IEEE;
21  use IEEE.STD_LOGIC_1164.ALL;
22
23  -- Uncomment the following library declaration if using
24  -- arithmetic functions with Signed or Unsigned values
25  --use IEEE.NUMERIC_STD.ALL;
26
27  -- Uncomment the following library declaration if instantiating
28  -- any Xilinx primitives in this code.
29  --library UNISIM;
30  --use UNISIM.VComponents.all;
31
32  entity jt3 is
33      Port ( a : in  STD_LOGIC;
34             b : in  STD_LOGIC;
35             z : out STD_LOGIC);
36  end jt3;
37
38  architecture Behavioral of jt3 is
39
40  begin
41  z <=a or b;
42
43  end Behavioral;
44
45
```

附录图 1-11　添加"功能描述语句"图

6. 综合　（介绍 ISE Simulator 的使用方法）

在"Design 窗口"中，点击要综合的源文件"jt3－Behavioral(jt3.vhd)"，双击"Processes 窗口"中"Synthesize－XST"前的"＋"后，出现多项子功能，见附录图1-12。

双击"Synthesize－XST"后，图表旋转，进行综合，直至完成。出现"√"标志表示检查结果正确，"×"表示错误，"!"表示有警告。也可以对每一项单独检查。

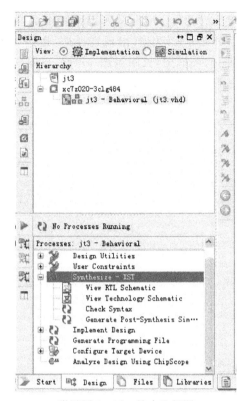

附录图 1-12　综合选择图

(1)语法检查

双击"Check Syntax",若程序语法正确,出现"√"标记,见附录图 1-13。

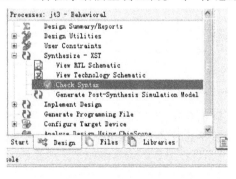

附录图 1-13　语法检查图

（2）观察 RTL 图

点击"View RTL Schematic"选项，出现选择框，选第二项，见附录图 1 - 14。点击"OK"，显示 RTL 图的外框图，见附录图 1 - 15；再双击 RTL 图，显示模块内部结构图，见附录图 1 - 16。

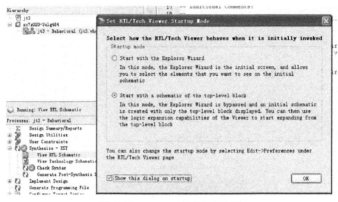

附录图 1 - 14　观察 RTL 图

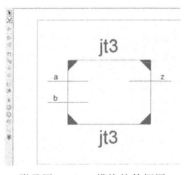

附录图 1 - 15　模块的外框图

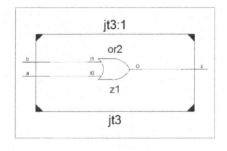

附录图 1 - 16　模块内部结构图

7. 功能仿真（行为级仿真）

文件设计并通过综合后，需要对工程文件的功能进行仿真验证，即，输入给定输入后，是否能得到正确的输出。功能仿真忽略逻辑器件和传输线上的延迟。采用的方法：建立仿真测试平台文件（Test bench），通过它完成仿真测试，具体操作如下。

（1）建立"仿真测试平台文件"

方法类似建立新文件（参看上文 5. 添加新源（新文件）：选择"VHDL Test bench"项并加入文件名，参见附录图 1 - 17；也可以选择菜单栏中的"Project-New Source"。

附录图 1-17　建立仿真测试平台文件图

　　点击"Next"—"OK"按钮后，在"Transcript 窗口"内，出现"Process 'Create VHDL Test Bench' completed successfully"表示"创建 VHDL 测试平台（框架）"过程完成。

　　ISE 已经自动产生了测试平台文件的框架，并将它加入到项目中。该"文件框架"中已经包括必需的库文件和模块端口的定义，接下来用户要完成的工作是：确定测试平台的测试信号，并将信号的时序定义加入到结构体中。具体测试平台文件的结构体部分的代码修改如下：

```
ARCHITECTURE behavior OF TB_jt6 IS

    - - Component Declaration for the Unit Under Test (UUT)

COMPONENT jt6
PORT(
    a : IN   std_logic;
    b : IN   std_logic;
    z : OUT   std_logic
    );
END COMPONENT;

signal a_stim : std_logic;       - - Inputs
```

```vhdl
    signal b_stim : std_logic;
    signal a : std_logic : = '0';
    signal b : std_logic : = '0';
    signal z : std_logic;          - - Outputs

BEGIN
    a < = a_stim;
    b < = b_stim;
- - Instantiate the Unit Under Test (UUT)
    uut: jt6 PORT MAP (
            a = > a,
            b = > b,
            z = > z
        );

    - - Stimulus process
    TB: process
    begin
            a_stim< = '1';
            b_stim< = '1';
             wait for 50ns;
            a_stim< = '1';
            b_stim< = '0';
             wait for 50ns;
            a_stim< = '0';
            b_stim< = '1';
             wait for 50ns;
            a_stim< = '0';
            b_stim< = '0';
             wait for 100 ns;
    end process;

END;
```
注:每一次改动完成后都要存盘。

（2）测试平台文件的设置，点击"▦ Design"标签，然后选择"⊙ ▦Simulation"标签。在"Sources 窗口"中，点击测试平台文件"▦ TB_jt3 - behavior (TB_jt3.vhd)"后，在"Processes 窗口"中出现两项"检测内容"："检测语法"和"行为仿真"，见附录图1-18。双击"Behavioral Check Syntax"，出现⊘标志。

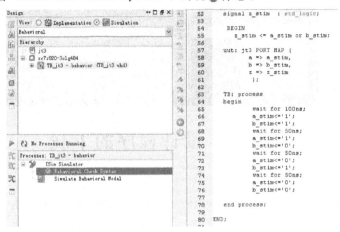

附录图1-18　测试平台文件的设置和检查图

（3）行为仿真

双击"Behavioral check Syntax"条开始仿真，在"Transcript 窗口"出现"Process "Simulate Behavioral Model" completed successfully"表示仿真成功，随后出现仿真波形图，见附录图1-19；再点击"▧"按钮，出现"zoom to full view"（放大到全视图）标签，随后就可以看到完整的仿真波形图了，见附录图1-20。

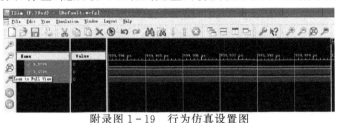

附录图1-19　行为仿真设置图

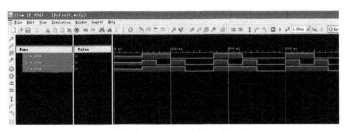

附录图1-20　仿真结果图

注:在仿真时,要转换到"Simulation"标签下运行,并且关掉前一次的"ISim"窗口。

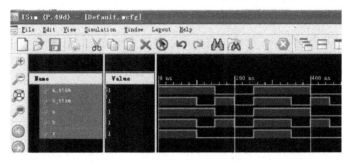

实验二　设计程序的下载

本实验是将实验一的设计模块 jt6.vhd 文件下载到 ZYNQ7 芯片上去,操作如下。

1. 打开工程

打开实验一的工程,一般 ISE 会自动加载上次打开的工程。若是其他工程,要先关闭上次打开的工程。

操作方法:"File"—"Close Project",然后找需要的工程,点击"Open Project"标签,见附录图 1-21。找到需要的工程,打开它,见附录图 1-22。

附录图 1-21　打开工程图 1

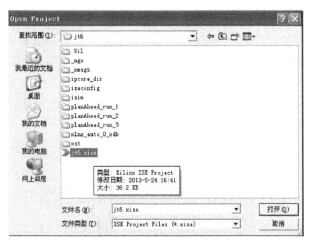

附录图 1-22　打开工程图 2

2.打开源文件

操作方法：双击"jt6－Behavioral（jt6.vhd）"标签，则打开已经编辑过的设计模块 jt6.vhd，见附录图 1-23。

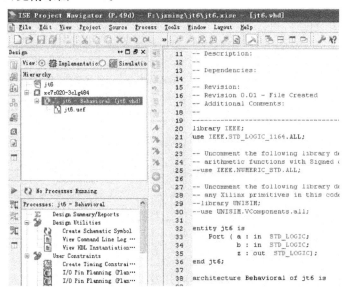

附录图 1-23　打开设计模块文件图

3.综合

综合就是将 HDL 语言（及原理图等）设计转换为各种基本门、触发器和 RAM

等基本逻辑单元的连接，并且是根据目标器件和约束条件优化成的逻辑连接。

利用 ISE 的 XST(Xilinx Synthesis Technology)软件综合后，生成 NGC、NGR 和 LOG 文件，它们分别对应 RTL Viewer，Technology Viewer，Synthesis Report Files 三项功能。

操作方法：双击"Processes 窗口"中的"Synthesize－XST"项，综合后出现"✓"标志表示操作成功，见附录图 1－24。

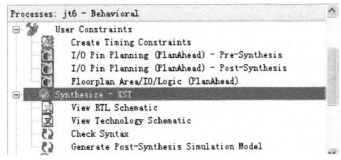

附录图 1－24　综合操作图

4. 查看工程概要信息

操作见附录图 1－25。

附录图 1－25　工程概要信息图

5. 引脚分配(管脚位置约束)

管脚位置约束是将 I/O 引脚映射到开发板的开关/指示灯上或其他外设上。

操作方法：

(1)产生约束文件：点击"New Source"按钮，再选"Implementation Constrains Files"，输入约束文件名 jt6，点击"Next"，见附录图 1－26，最后产生了约束文件 jt6.ucf。

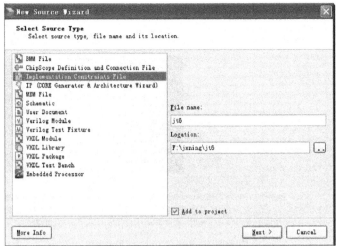

附录图 1-26　建立约束文件图

　　(2)管脚分配：先打开 PlanAhead 软件。点击"User Constrains"，双击"I/O Pin Planning(PlanAhead)Post—Synthesis"，点击"Yes"按钮，启动 PlanAhead 软件，点击"close"按钮，进行管脚的分配或查看，见附录图 1-27、1-28、1-29。在分配管脚后，点击空白处，使所选项变"深色"，选"File—Save constrains"存盘，关闭 PlanAhead 界面。

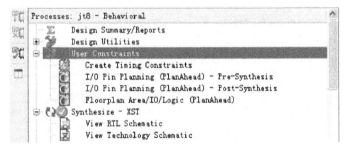

附录图 1-27　观察用户约束图

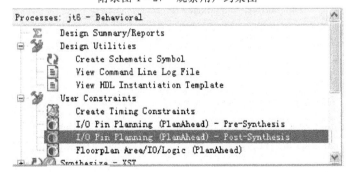

附录图 1-28　启动 PlanAhead 图

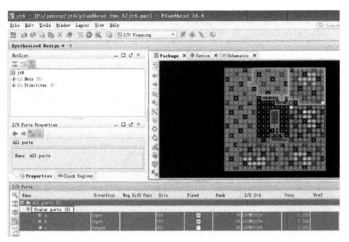

附录图 1-29 I/O端口设置图

注意：在分配管脚前打开 PlanAhead 界面，要删除原有的文件；方法："Project—Cleanup—Files"。

6. 模块的实现

操作方法：双击"Implement Design"项，完成"实现"功能。它包括三个内容："Translate"、"Map"和"Place & Route"，见附录图 1-30。

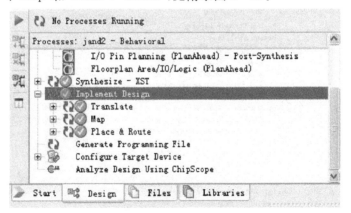

附录图 1-30 实现过程图

7. 产生下载文件(.bit 文件)

操作方法：选择顶层文件，双击"Generate Programming File"，运行至出现"✅"标志，出现"Process "Generate Programming File" completed successfully"，产生一个 jt6.bit 位流文件(可以到该工程的文件夹内去寻找 jt6.bit 文件是否产

生）。

8. 配置器件

当.bit文件产生后，就可以使用Xilinx公司的iMPACT工具进行设计的下载了。

操作方法：双击"Configure Target Device"—"OK"，打开ISE iMPACT界面，见附录图1-31（也可以在Windows操作系统下打开，见附录图1-32）。

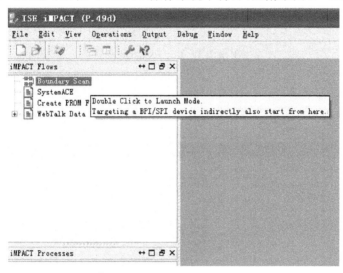

附录图1-31　iMPACT界面图

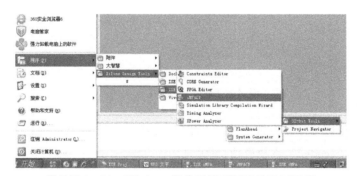

附录图1-32　Windows操作系统下打开iMPACT图

双击"Boundary Scan"，进入"边界扫描"界面，双击初始化链"Initialize Chain"，见附录图1-33，进入"Assign New Configuration File"界面，点击"Bypass"，见附录图1-34。

在文件夹中指定配置文件，点击"Open"，见附录图1-35，选择"Device2"—

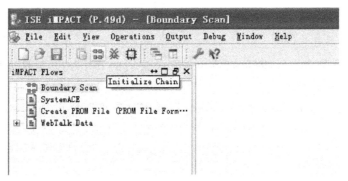

附录图 1-33　初始化链图

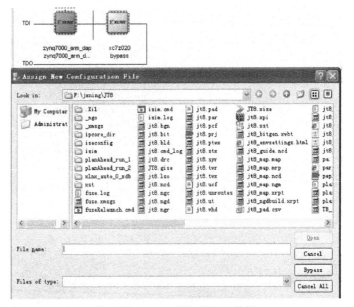

附录图 1-34　指定配置文件图

“OK”，见附录图 1-36。或右击 图标，出现下拉菜单，点击“Progress”，出现“Program Succeeded”，下载成功，见附录图 1-37。

附录图 1-35　指定配置文件图

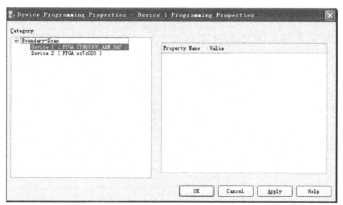

附录图 1-36　指定器件图

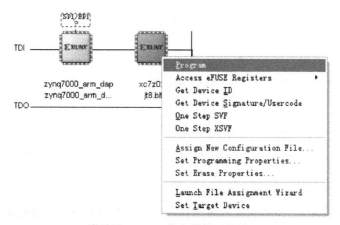

附录图 1-37　指定器件下载图

附录 2
XJECA 实验教学系统使用介绍

本实验教程是针对"XJECA 开放式计算机系统与结构实验系统可扩展开发平台"编写的。此开发平台是基于赛灵思最新的 ZC7Z020 EPP 芯片而设计的。ZC7Z020 EPP 芯片将 ARM® 处理系统与 Xilinx 7 系列可编程逻辑完美地结合在一起,使用户可以完成功能强大的设计。

通过一个简单实验例程的学习,让用户能较快速地熟悉此平台的特点和使用方法。

1.XJECA 开发平台主要的硬件构成

(1)Zynq—7000 XC7Z020—1CLG484 芯片;

(2)1 GB 的 DDR3 内存颗粒;

(3)USB2.0 ULPI 收发器;

(4)CAN 总线收发器;

(5)I2C 总线接口;

(6)TF 卡连接器;

(7)USB—to—UART 接口;

(8)千兆以太网接口;

(9)HDMI 接口;

(10)两个 FMC LPC I/O 扩展接口;

(11)8 个 LED 灯;

(12)5 个按键和 8 个拨码开关;复位键 PR1(RESET)、PR2(系统复位);

(13)XADC 连接器、JTAG 接口等。

2.XJECA 开发平台主要的软件构成

PlanAhead:PlanAhead 软件是一个集设计和分析于一体的可视化管理工具(链),它整合了多个软件,便于实现设计验证、综合、分析、布局规划、Debug 和管理功能。

XPS(Xilinx Platform Studio):用来帮助硬件设计者快速地构建和配置一个嵌入式处理系统,它还体现在能够配置和集成 Xilinx IP 核,以及定制第三方 HDL

设计。

Xilinx SDK(Xilinx Software Development Kit)：它是一个基于 Eclipse 的图形化嵌入式集成型设计环境，它和 XPS 用于嵌入式设计，它们集成在一起有助于系统软件的生成。

ISE(Integrated Software Environment)：是 Xilinx 公司的硬件设计工具，主要用于 PLD 设计。它将先进的技术与灵活性、易使用性的图形界面结合在一起，让设计者在最短的时间，以最少的努力，达到最佳的硬件设计。

ISE 软件与 PlanAhead 相集成；能够对 HDL 代码与 IP 以及各种设计状态进行行为和功能验证。此外，PlanAhead 还能够自动插入 ChipScope 调试内核，作为一个逻辑分析仪来使用，对实际电路的输入输出各端口信号进行观察、调试和分析。它还可以进行 FPGA 器件的设计，ISE 是做底层逻辑设计的。

下面通过一个流水灯的测试实验，给出详细的步骤，说明以上软件的使用方法。

3. 实验例程：LED_RUN 测试实验

(1) 实验目的

①熟悉 Xilinx ISE 集成开发环境下 PlanAhead、XPS、SDK 软件的使用；

②学习和掌握利用 XJECA 开发板进行 Soc 开发的操作流程；

③了解开发板中相关硬件的原理和特点；

④根据建立的工程可以在开发板上进行 LED_RUN 的结果验证。

(2)实验原理及说明

本次实验详细介绍如何使用 Xilinx ISE 集成开发环境(14.1 及以上版本)设计并建立一个 LED_RUN 的工程，并在开发板上实现流水灯。本实验的程序比较简单，主要是通过这次实验熟悉实验环境，为以后更好地开展实验做准备。

(3)实验环境

①PC 机上安装好的 Xilinx ISE 14.1(或以上版本)集成开发环境；

②XJECA 开发板一套(包含了电源、下载电缆、USB 线等配套设备)。

(4)实验步骤

用户可根据下面步骤进行操作，学习使用 Xilinx　ISE 集成开发环境建立一个 LED_RUN 工程的开发流程。

①在 Windows 界面单击"开始"—"所有程序"—"Xilinx Design Tools"—"ISE Design Suite 14.1"—"PlanAhead"进入 PlanAhead 开发环境，如附录图 2－1所示。

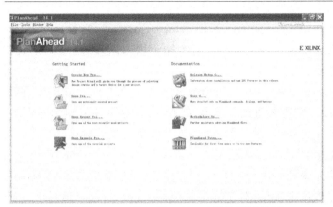

附录图 2-1　进入 PlanAhead 开发环境界面

②单击"Create New Project",开始新建工程向导,如附录图 2-2 所示。

附录图 2-2　新建工程向导

③单击"Next",进入工程建立对话框,输入要建立的工程名称,并选择工程所在的路径,如附录图 2-3 所示。

④单击"Next",进入工程类型选择对话框,这里选择方框区内的类型符合我们的要求,如附录图 2-4 所示。

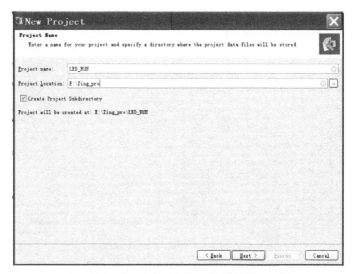

附录图 2-3　输入工程名并选择其所在路径

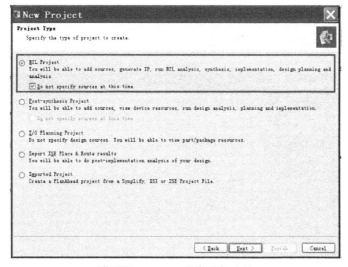

附录图 2-4　工程类型的选择

⑤单击"Next"，进入芯片选型对话框，我们这里选择"Boards"中的"xc7z020clg484-1"芯片，如附录图 2-5 所示。

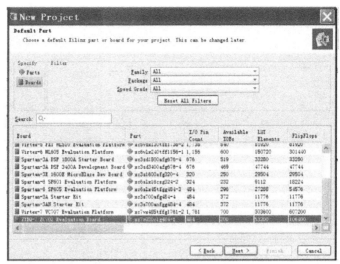

附录图2-5　芯片选型

⑥单击"Next",进入工程建立总结阶段,这个对话框会列出我们建立工程时的相关信息,如附录图 2-6 所示。

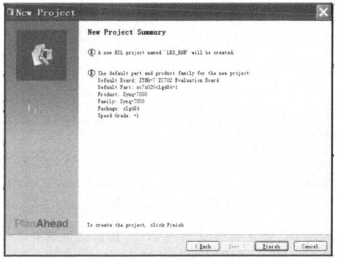

附录图2-6　新建工程总结

⑦单击"Finish",完成工程建立,进入工程设计界面,在工程设计界面"Project manager"工程管理中单击"Add Sources",添加和创建工程源文件,如附录图 2-7 所示。

附录图2-7　在工程管理界面添加源文件

⑧单击"Add Sources"选项后进入向导，选择方框区内的选项，添加或创建嵌入式源文件，如附录图2-8所示。

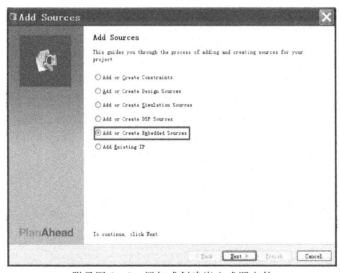

附录图2-8　添加或创建嵌入式源文件

⑨单击"Next"，创建一个嵌入式的源文件，并键入名称为"system"，如附录图2-9所示。

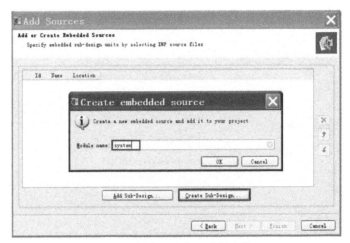

附录图 2-9　创建一个嵌入式源文件 system

⑩单击"OK"—"Finish",创建了一个嵌入式源文件,此时软件自动连接到 XPS 软件的启动界面,在完全启动 XPS 软件前会弹出一个对话框询问是否要添加"Processing System7 instance"到系统中,这时单击"Yes"即可,如附录图 2-10所示。

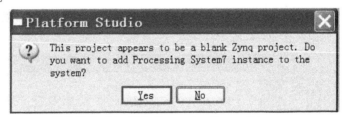

附录图 2-10　添加 Processing System7 instance

⑪单击"Yes"后,进入 XPS 软件界面,如附录图 2-11 所示。

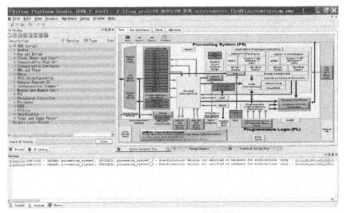

附录图 2-11　XPS 软件界面

⑫在 XPS 软件界面下,我们可以根据用户需求,定制相应的系统。这里要实现 LED_RUN 的功能,我们只需要进行以下配置:

a. 时钟配置:

可根据硬件资源情况作相应的修改,根据开发板的硬件资源对时钟做如下配置,单击红色框区图标,如附录图 2-12 所示。

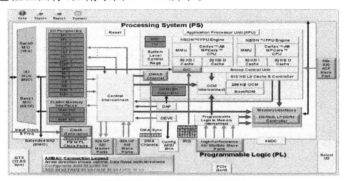

附录图 2-12　选择时钟配置

进行时钟配置,配置后单击红色框区图标可对配置的时钟进行有效性校验,校验完毕后单击"OK",如附录图 2-13 所示。

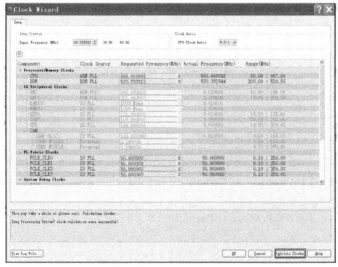

附录图 2-13　时钟配置及校验

b. MIO 外设的配置:

单击"I/O Peripherals"选项,对 MIO 外设进行配置,配置完毕后单击"Close",如附录图 2-14 所示。

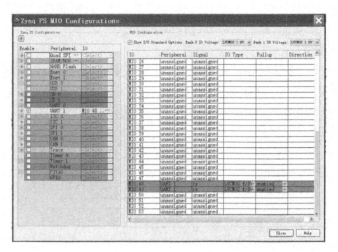

附录图 2-14　外设配置

⑬然后在"IP Catalog"中双击"AXI General Purpose IO"添加到系统中,如附录图 2-15 所示。

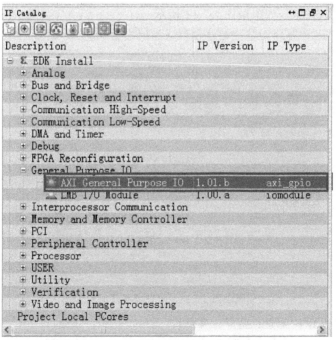

附录图 2-15　添加 AXI General Purpose IO

⑭在该 IP 配置框中按红色框区进行配置,配置完毕后单击"OK",如附录图

2-16 所示。

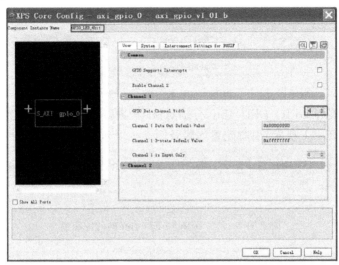

附录图 2-16　IP核的配置

这时,会弹出一个对话框,按附录图 2-17 进行选择,然后单击"OK"。

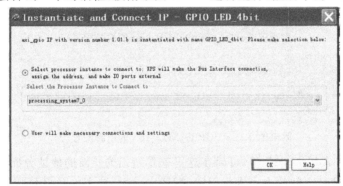

附录图 2-17　选择核 IP 的连接

⑮在"Ports" 项中对"axi_interconnect_1"进行配置,如附录图 2-18 和 2-19所示。

附录图 2-18　axi_interconnect_1 的时钟配置

附录图 2-19　axi_interconnect_1 的复位配置

⑯processing_system7_0 的 AXI clock 也需要配置到相同的时钟源上,如附录图 2-20 所示。

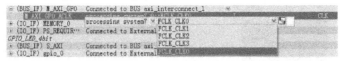

附录图 2-20　processing_system7_0 的 AXI clock 配置

⑰继续展开 GPIO_LED_4bit,分别对该 IP 进行时钟和引脚配置,其中时钟配置如附录图 2-21 所示,引脚配置如附录图 2-22 和 2-23 所示。

附录图 2-21　GPIO_LED_4bit 的时钟配置

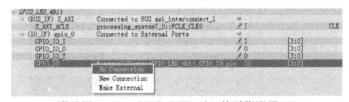

附录图 2-22　GPIO_LED_4bit 的引脚配置(1)

附录图 2-23　GPIO_LED_4bit 的引脚配置(2)

⑱选择"Addresses"项,可以在这里查看到相关外设的地址分配,用户可以在这里对外设地址空间的大小进行配置,配置完成后,单击红色区域按钮"Generate Address",就可以分配这些外设地址及空间了,如附录图 2-24 所示。

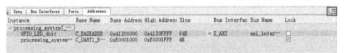

附录图 2-24　外设地址的分配及产生

⑲配置完毕后,单击"Project"—"Design Rule Check"进行 DRC 检查,检查无误后,选择"File"—"Exit",退出 XPS,返回到 PlanAhead 开发环境。

⑳这时,一个处理器系统已经创建完成了。接下来我们需要进行顶层文件的创建以便 PlanAhead 工具可以进行分析、综合、布局布线,最终产生处理器系统所需的.bit 文件。首先,我们需要对综合、仿真、IP 相关的选项进行配置,这里我们

选择默认即可,如需修改,在"Project Setting"选项中进行设置。

㉑工程设置完毕后,产生顶层文件,如附录图 2 - 25 所示。

附录图 2 - 25　产生顶层文件

㉒顶层文件产生后,需要添加 ucf 约束文件,具体操作如附录图 2 - 26~2 - 29

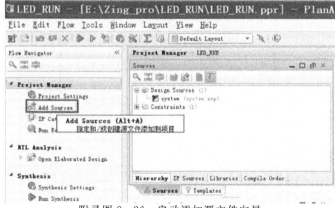

附录图 2 - 26　启动添加源文件向导

所示,其中附录图 2-26 为启动添加源文件向导附录,图 2-27 为选择添加或创建约束文件选项,附录图 2-28 为创建新的约束文件并命名为 led_run,附录图 2-29为添加好的约束文件。

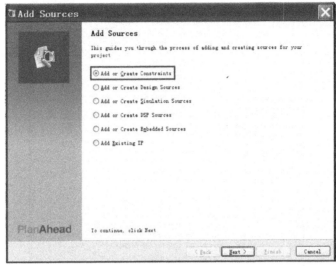

附录图 2-27　选择添加或创建约束文件选项

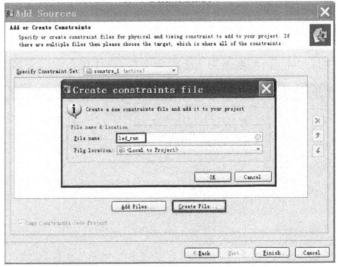

附录图 2-28　创建新的约束文件并命名为 led_run

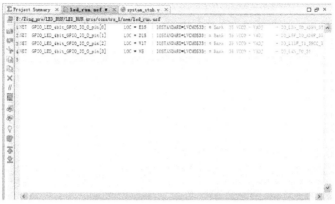

附录图 2-29　添加好的约束文件

㉓完成上述操作后,就要产生可编程文件.bit 文件了,如附录图 2-30 所示。

附录图 2-30　实现后生成.bit 编程文件

㉔当生成.bit 编程文件后,则提示成功,如附录图 2-31 所示。

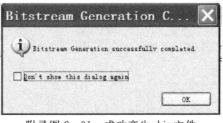

附录图 2-31　成功产生.bit 文件

㉕然后将生成的硬件编程文件导出，如附录图 2-32 和 2-33 所示。

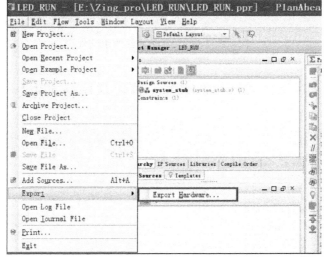

附录图 2-32　导出生成的硬件编程文件

附录图 2-33　选择全部三项

㉖导出并启动 SDK 软件,进入软件编程界面,如附录图 2-34 所示。

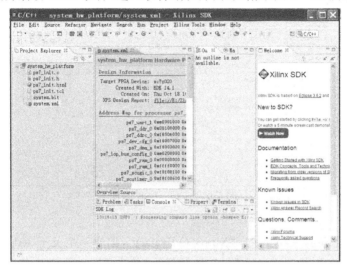

附录图 2-34　进入 SDK 界面

㉗进入 SDK 界面后,单击"File"—"New"—"Xilinx Board Support Package",进入创建 BSP 对话框,按照附录图 2-35 键入工程名称后,单击"Finish",然后在弹出的如附录图 2-36 所示对话框中直接单击"OK"即可。

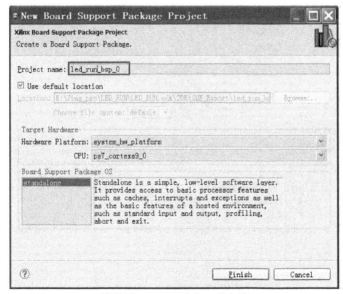

附录图 2-35　键入工程名称

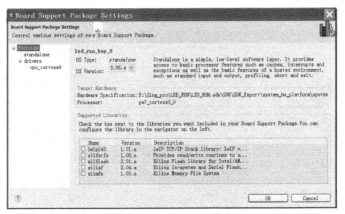

附录图 2-36　BSP 设置

㉘单击"File"—"New"—"Xilinx C Project",创建一个关于 led_run 的 C 工程,具体操作如附录图 2-37 所示,选择好后,单击"Next",进入如附录图 2-38 所示界面,选择图示的 BSP 选项,单击"Finish"。

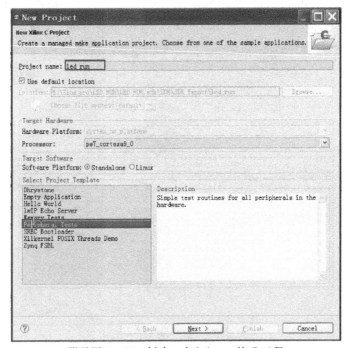

附录图 2-37　创建一个 led_run 的 C 工程

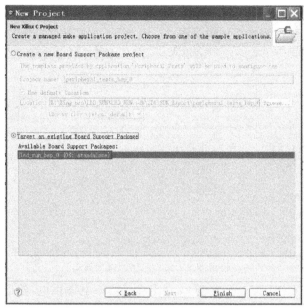

附录图 2 - 38 指定 led_run C 工程的 BSP

㉙之后我们按照附录图 2 - 39 所示展开 led_run 工程文件夹，双击 testpe-riph. c 文件即可查看和修改源代码。

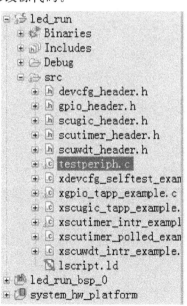

附录图 2 - 39 打开 testperiph. c
文件查看和修改源码

㉚修改完成后保存，然后右键 led_run 工程文件夹，单击"Generate Linker Script"，产生编译器脚本。如附录图 2-40 所示，配置好后单击"Generate"即可。

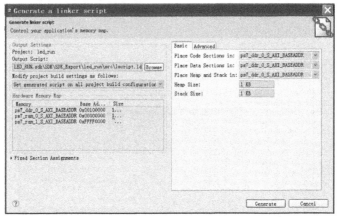

附录图 2-40　产生编译器脚本

㉛接下来，在 XJECA 开发板上，插上 5～12V 电源供电，然后用 USB_JTAG 下载电缆将 PC 机和开发板的 J1 口连接起来，并通过跳线帽设置跳线为 JS3：23；JS4：23；JS5：23；JS6：23；JS7：23，之后打开开发板电源开关。

㉜在 SDK 下选择如附录图 2-41 中红色区域内的图标按钮，下载 FPGA 的配置程序，硬件配置程序为 system.bit，如附录图 2-42 所示。

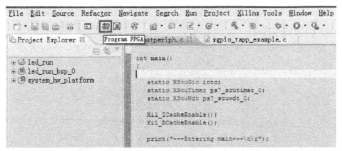

附录图 2-41　选择下载 FPGA 配置程序按钮

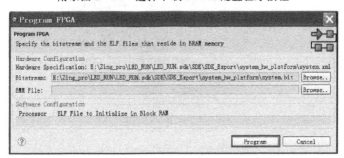

附录图 2-42　下载 FPGA 配置程序 system.bit

㉝当配置完 FPGA 的配置程序后,右键 led_run 工程文件,按附录图 2-43
所示选择红色区域内的选项,进行 PS(ARM)程序的下载配置。

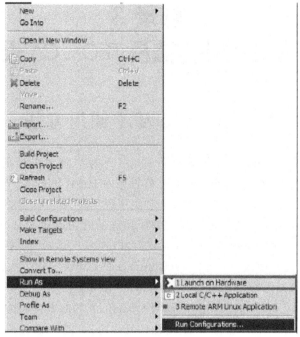

附录图 2-43　下载 ARM 配置程序

㉞当下载完毕后,观察开发板上的 4 个用户 LED 灯,即可观察到流水灯
现象。

4. 验现象

当根据实验步骤完成程序下载后,即可观察到开发板上 8 个用户 LED 灯执
行流水灯的操作。

附录 3
Quartus Ⅱ 基本使用方法及 TEC–CA 设备的介绍

1. Quartus Ⅱ 基本使用方法

Quartus Ⅱ 是 Altera 公司的软件产品，用于为本公司生产的各种 CPLD 和 FPGA 可编程器件的设计，Quartus Ⅱ 支持图形和代码（VHDL、Verilog 硬件描述语言）作为编辑工具，进行电路的设计。它也可以利用第三方的综合工具。

Quartus Ⅱ 包括模块化的编译器。编译器包括的功能模块有分析/综合器（Analysis & Synthesis），适配器（Filter），装配器（Assembler），时序分析器（Timing Analyzer），设计辅助模块（Design Assistant），EDA 网表文件生成器（EDA Netlist Writer）和编译数据库窗口（Compiler Database Interface）等。

以下通过一个例子的设计过程，说明 Quartus Ⅱ 的基本使用方法。

例程：用 VHDL 语言描述一个“节拍信号发生器”的功能。

“节拍信号发生器”是计算机结构中必不可少的部件，本例中给予了简化，给出一个二级的时序电路，只产生“机器周期”和与它关联的“节拍电平”，组成计算机系统需要的二级时序信号。而计算机所需要的三级时序在实验指导书的项目中可以找到。

节拍发生器有一个 CLK 端，输入时钟脉冲；一个 RESET 端复位和置初值；输出端 P0，P1，分别对应不同的机器周期；输出端 T0～T3，分别对应不同的节拍。它的外部结构如附录图 3－1 所示。

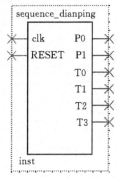

附录图 3－1　节拍信号发生器结构图

（1）源文件的建立

1）打开 QuartusⅡ，进入主界面：

双击 PC 桌面上的 QuartusⅡ图标🐸，进入 Quartus 主界面。如附录图 3 - 2 所示。

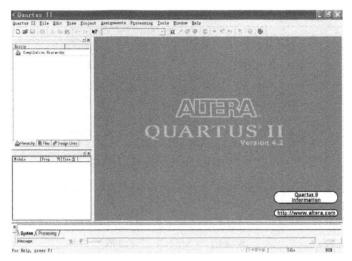

附录图 3 - 2　QuartusII 主界面

2）创建一个新文件夹

一个工程中的所有文件要存放在一个文件夹中，因此首先创建一个新文件夹。操作：E:\COUNTER12。

3）创建一个工程文件

在开始设计以前，用户必须使用 QUARTUSII 软件，创建一个新的 QUAR-TUSII 工程。通过"New Project Wizard（新建项目向导）"，为工程指定一个工作目录、工程名称、顶层设计实体名称以及器件选型。一个工程（Project）由所有设计文件和有关设置构成。

①建立工程名

单击菜单条中"File"菜单项，则出现一个有关文件操作的二级菜单，如附录图 3 - 3 所示。

操作：单击"New Project Wizard"菜单项，就开始创建一个工程。

操作后出现如附录图 3 - 4 的对话框。要求设计者输入工程所在的文件夹（目录）、工程名和顶层设计实体名。

操作：第一行输入 F:\sequence_dianping；作为工程所在的文件夹；

　　　第二行输入 sequence_dianping；作为工程名；

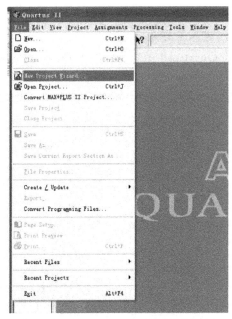

附录图 3-3　File 二级菜单

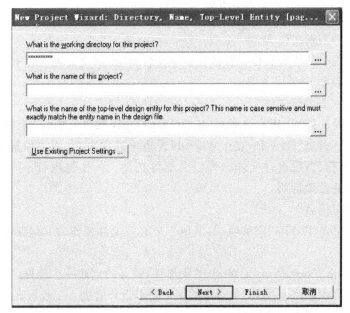

附录图 3-4　工程路径、工程名和顶层设计实体名对话框

第三行输入 sequence_dianping;作为顶层设计实体名;

然后单击"Next"按钮,进入下一步。

注意:第三行中的顶层设计实体名是字母大小写敏感的,必须和设计文件中的顶层设计实体名完全相同。

②输入工程中包含的设计文件

输入工程中包含的设计文件对话窗如附录图3-5所示。可以通过单击"Add All"按钮将文件夹中的所有文件都加到工程中去;也可以在"File Name:"框中输入设计文件名及其路径,然后单击"Add"按钮,将文件加入到工程中。输入设计文件名时可以通过浏览的方式,选中需要的文件后单击"Add"按钮将文件加入到工程中,我们推荐使用这种方法。使用"Add"按钮往工程中增添设计文件时,随着一个个设计文件被增添,所有文件名都在"File name"大框中显示出来。

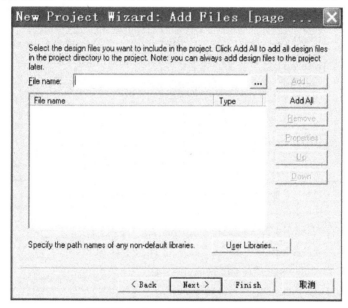

附录图3-5　工程包含文件对话框

对于由多个设计文件构成的一个工程,VHDL 要求的编译顺序是由底层文件开始编译,向上一层一层编译,最后编译顶层文件。而工程中的文件,按 File name 框中的文件顺序进行编译,首先编译第一行的文件,向下一个一个按顺序队文件进行编译,最后编译最末行的文件,因此最先加入的文件最后一个编译。即使整个工程中的文件都是正确的,如果不指定正确的设计文件编译次序,编译时也会出错。对话框中有3个按钮对 File name 框中的文件顺序进行操作:单击文件名后该文件名变为蓝色,单击"Remove"按钮,将该文件从 File name 框中删除;单击"UP"按钮,该文件向上移动一个位置;单击"Down"按钮,则该文件向下移动一个位置。

输入结束后,单击对话框中"Next 按钮",进入下一步。

③确定设计使用的器件

确定设计使用器件的对话框如附录图 3-6 所示。在确定器件的对话框中,首先选择器件所属的系列,然后选择具体器件。

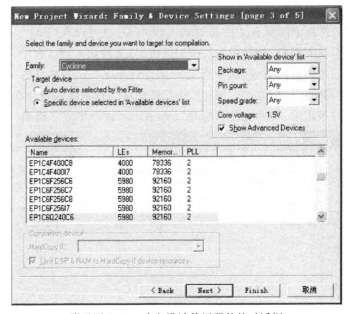

附录图 3-6　确定设计使用器件的对话框

操作:先在"Family"框中选择"cyclone";

　　　然后在"Available device"框中选择"EP1C6Q240C6";

　　　最后单击"Next"按钮,进入下一步。

④选择 EDA 工具

选择 EDA 工具对话框如附录图 3-7 所示。

操作:单击(√)左边的 3 个小方框,全部选中 3 种功能:综合、仿真和时序分析;然后单击"Next"按钮,进入下一步。

⑤检查工程中的各种设置

进入这一步,主屏幕上显示出该工程的摘要,如附录图 3-8 所示。

检查各种设置是否完全正确,如果完全正确,单击"Finish"按钮,结束建立工程。

4)建立一个源文件

①建立新文件

操作:执行"File"—"New"命令,主屏幕上出现文件类型对话框,如附录图

3-9所示。

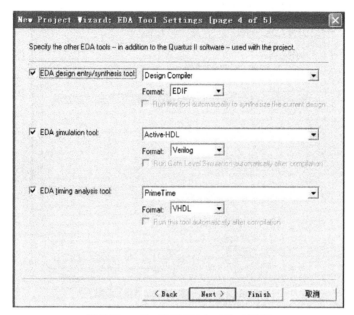

附录图 3-7 选择 EDA 工具对话框

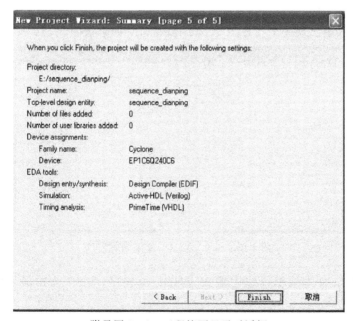

附录图 3-8 工程摘要显示对话框

附录图 3-9　新文件类型对话框

操作：选 VHDL 类型文件；单击"OK"按钮，进入下一步。

②编辑源程序

主工作区中出现一个 VHDL 文本编辑窗口。如附录图 3-10 所示。

附录图 3-10　VHDL 文本编辑窗口

在 VHDL 文本编辑窗口中输入 VHDL 源程序，实现"节拍信号发生器"的功能：

```
LIBRARY IEEE;
USE IEEE.STD_LOGIC_1164.ALL;
```

```
ENTITY sequence_dianping IS
    PORT ( clk     : in   STD_LOGIC;
          RESET : in   STD_LOGIC;
              T :   out   STD_LOGIC_VECTOR(3 DOWNTO 0);
              P:   out   STD_LOGIC_VECTOR(1 DOWNTO 0)
                    );
END sequence_dianping;


    ARCHITECTURE rtl OF sequence_dianping IS
        signal   T_tmp:std_logic_vector(3 downto 0);
        signal   P_tmp:std_logic_vector(1 downto 0);


        BEGIN


        PROCESS(clk,RESET)
            VARIABLE count1:INTEGER RANGE 0 TO 1 :＝0;
            VARIABLE count2:INTEGER RANGE 0 TO 7 :＝0;
          BEGIN
            IF RESET = ´0´ THEN
                T_tmp(3 DOWNTO 0) ＜＝ "0000";
                P_tmp(1 DOWNTO 0) ＜＝ "00";


            ELSIF RISING_EDGE(clk)then


                    IF count2 = 0    THEN
                        case P_tmp is
                        when "00"  =＞ P_tmp ＜＝ "01" ;
                        when "01"  =＞ P_tmp ＜＝ "10" ;
                        when "10"  =＞ P_tmp ＜＝ "01" ;
                        when others =＞ P_tmp ＜＝ "01";
                        end case;
                    END IF;
                    count2:＝(count2 + 1) MOD 8;
```

```
                              IF count1 = 0 THEN
                                case T_tmp is
                                    when "0000" => T_tmp <= "0001" ;
                                    when "0001" => T_tmp <= "0010" ;
                                    when "0010" => T_tmp <= "0100" ;
                                    when "0100" => T_tmp <= "1000" ;
                                    when "1000" => T_tmp <= "0001" ;
                                    when others => T_tmp <= "0001";
                                end case;
                              END IF;
                                count1: = (count1 + 1) MOD 2 ;


                        END IF;
                    END PROCESS;

                                    T <= T_tmp;
                                    P <= P_tmp;


                    END rtl;
```

注意:输入时实体名 COUNTER 一定要大写,并与建立工程时顶层设计实体的实体名大小写完全一致。

输入源代码后,进入下一步。

③将文件保存

操作:点击 💾 存盘或执行"File"—"Save as"命令。

存盘后出现保存文件对话框;如附录图 3-11 所示。

由于这个文件是在建立工程后建立的,因此默认的路径和文件夹是工程所在的路径和文件夹"F:\COUNTER12"。由于文件中的设计实体名是 COUNTER12,因此默认的文件名是 COUNTER12。

操作:单击"保存(S)"按钮,将文件保存。

5)编译源文件

程序编写完毕后,进行如下操作。

操作:执行"Processing"—"Start Compilation",对源文件进行编译。

Quartus Ⅱ 编译器完成对工程查错、逻辑综合、结构综合、输出结果的编辑配置,以及时序分析。在这一过程中将工程适配到目标 FPGA/CPLD 器件中,同时

附录图 3-11　保存文件对话框

产生多种用途的输出文件,如功能和时序仿真文件、器件编程用的目标文件等。编译器首先从工程设计文件的层次结构描述中提取信息,包括每个层次文件中的错误信息,供设计者排除。然后将这些层次结构产生一个结构化的用网表文件表达的电路原理图文件,并把各层次中所有文件结合成一个数据包,以便更有效地处理。

如果编译中发现错误,结果信息窗口中会出现出现红色"Full compilation was unsuccessful"和其他错误信息,如附录图 3-12 所示。多项错误应该从第一个错

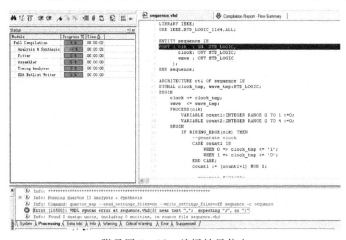

附录图 3-12　编译结果信息

误查起,因为其他错误往往是第 1 个错误引起的,然后再往下查,直到最后编译成功。

操作:执行"File"—"Save"命令,将源文件保存。

6)分配引脚

操作:执行"Assignments"—"Pins"命令,启动分配引脚功能,主工作区上显示出分配引脚窗口,如附录图 3 - 13 所示。

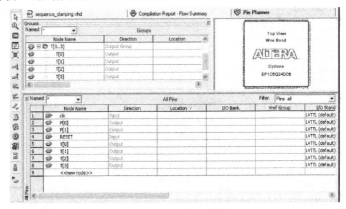

附录图 3 - 13 分配引脚窗口

接下来,给输入输出端分配引脚。

操作:双击需要分配的引脚(行)与 locattion 列交叉的方框,出现下拉菜单,从中选择你所需要的管脚号,如,择选择 T(3)信号端(连接)到 203(芯片的引脚号),如附录图 3 - 14 所示。

选择结束后检查一遍,然后关闭分配引脚窗口(单击窗口的关闭按钮"✕"。当出现"Do you want to save changes to assignments ?"对话框时回答"Y",保存引脚分配。

注意:由于 clk 引脚是时钟,时钟器件已固定连接到 cyclone 器件的专用引脚 29,所以我们使用时必须选 29 号。同理,复位脉冲 RESET(键)应该选择引脚 240。

注意:若无法打开下拉菜单,请按以下选择操作:右击"clk"框,再"√",如附录图 3 - 15 所示;然后再做分配管脚的操作。

分配信号引脚结束后,重新编译一次。

操作:执行"Processing"—"Start Compilation"命令,否则分配的引脚信号对最终形成的 SOF(SRAM Object File)文件不起作用。SOF 文件是最终下载到 FPGA 中的文件。

重新编译成功后出现"Full Compilation was successful"提示。

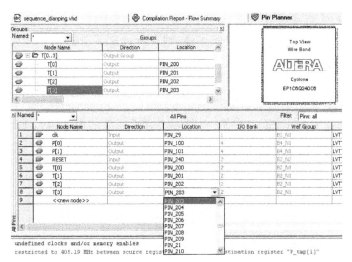

附录图 3-14　选择引脚信号端(号)

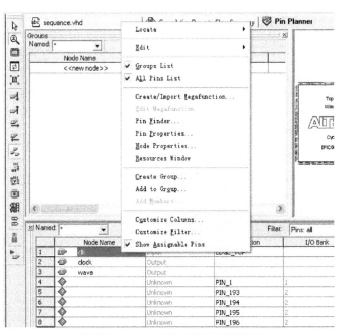

附录图 3-15　下拉菜单的属性设置

（2）仿真

　　经过编译后的程序只能说语法上和层次结构连接上没有错误,但是源程序是否符合设计的功能、满足设计的要求还是不知道的,因此需要仿真。仿真测试可以检查出设计中功能和时序上的错误,减轻下载到 FPGA/CPLD 器件后的调试困难。当然如果设计者能够确认设计正确,则可跳过这一步骤。

1)生成仿真波形文件

①打开波形编辑窗口

操作:执行"File"—"New"命令;

操作:单击"Other Files"按钮(在"New"对话框中的最右边),如附录图 3-16 所示;

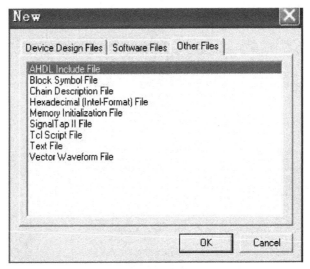

附录图 3-16 单击"Other Files"按钮后的新文件对话框

选中"Vector Waveform File"(矢量波形文件),单击"OK"按钮,出现如附录图 3-17 所示的波形编辑窗口。

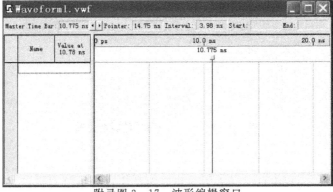

附录图 3-17 波形编辑窗口

②设置仿真时间区域

对于时序仿真来讲,根据具体情况来选择观察的时间段,在这里我们设为
10 μs。

操作:执行"Edit"—"End Time"命令,在弹出的对话框中,在 Time 栏处输入
时间为 10.0μs,在单位栏中选择 μs。单击"OK"按钮。

③将空白波形文件保存

操作:执行"File"—"Save As"命令,将空白图形文件保存为 sequence_dian-
ping. vwf 文件。这时波形编辑窗最上方的窗口条(窗口名称)就变成 sequence_di-
anping. vwf。

④将工程 sequence_dianping 的端口信号节点(引脚)选入波形编辑窗口中

操作:执行"View"—"Utility Windows"—"Node Finder"命令,弹出节点选择
对话框如附录图 3-18 所示。

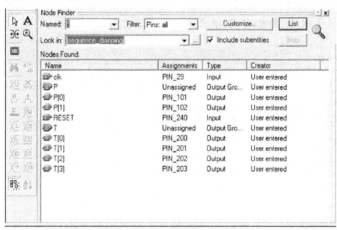

附录图 3-18 节点选择对话框

操作:若没有出现端口的引脚,在 Filter 框中选定"Pins:all",然后单击"List"
按钮;于是在下方的 Node Finder 窗口中出现工程中所有端口的引脚名(如果此对
话框中的 List 不显示引脚名,则需要重新使用"Processing"—"Start Compilation"
命令重新编译一次,然后再重复以上操作过程。

注意:对于一个大的工程,节点和引脚不完全一致,引脚只是节点的一部分。

操作:用鼠标将引脚信号 clock、clk 和 wave 拖到波形编辑窗口,然后关闭
Nodes Founde 对话窗。

单击波形编辑窗口右边的"全屏显示"按钮,使波形编辑窗口在主工作区内全
屏显示,如附录图 3-19 所示。附录图 3-19 中左边的工具条是波形编辑器工

具条。

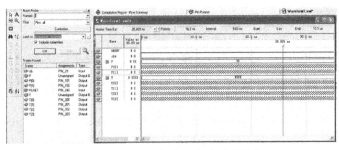

附录图 3-19 有信号后的波形编辑窗口

⑤编辑输入信号波形（输入信号激励）

sequence 有一个输入信号 clk，两个输出信号 clock、wave。

操作：单击附录图 3-19 中的 clk 信号，使之变成蓝色条，成为活动信号，同时波形编辑窗口工具条激活，如附录图 3-20 所示。

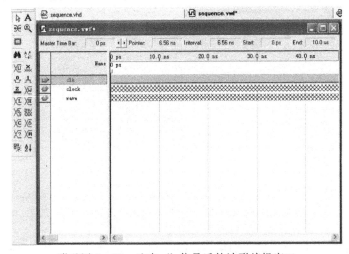

附录图 3-20 选中 clk 信号后的波形编辑窗口

操作：单击"Overwrite Clock"菜单按钮，弹出 Clock 对话框，如附录图 3-21 所示；在周期（Period）的框内输入 200.0（ns），占空比（Duty cycle）框内选择默认值 50％，单击"OK"按钮结束，如附录图 3-22 所示。

注意：若要设置一般的输入信号波形（以 clk 为例），可以进行如下操作：

操作：单击该信号 clk，使之成为活动信号。由于不是周期信号，因此选波形编辑：首先单击"Forcing High(1)"（强置 1）菜单按钮，使 clk 强制为 1；单击"Wave-form Editing Tool"（波形编辑工具）按钮，然后将波形编辑光标移到 clk 波形上，

附录图 3 - 21　Clook 对框

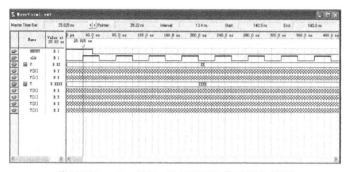

附录图 3 - 22　设置 clk/RESET 信号后的波形

按住鼠标左键从 clk 波形 160 ns 处一直向右拖，直到你需要的时间长度（如 320 ns）处止，则在 160～320 ns 之间，该信号为低电平。如附录图 3 - 23 所示。

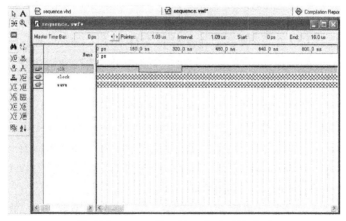

附录图 3 - 23　设置输入信号后的波形

⑥总线数据格式设置

单击图 3-23 中"clock/wave"信号左边的"＋",则将"clock/wave"信号代表的每个分量显示出来。双击"clock/wave"信号的图标,将弹出 clock/wave 数据格式的对话框,可以根据需要设置 clock/wave 的数据格式。

⑦波形的显示和观察

操作:为了利于在波形编辑窗口中观察,单击"Zoom Tool"(放大缩小)按钮,将放大缩小光标移到波形区内,单击鼠标右键,使图形缩小;单击鼠标左键,使图形放大。

完成波形编辑文件的编辑,执行"File"—"Save"命令,保存 sequence. vwf 文件,仿真时要使用它。

2)设置仿真参数

操作:执行"Assignment"—"Setting"命令,弹出"设置参数窗口",如附录图 3-24所示。这是一个设置 Quartus 各种参数的窗口,并不仅仅用于仿真;

在"设置参数窗口"中选"Fitter Setting"—"Simulator"子菜单项,弹出"设置仿真参数窗口";

在"设置仿真参数窗口"中有如下选择:

"Simulation mode"(仿真模式)选"Timing"(时序),

"Simulation input"选"sequence. vwf",

"Simulation period"选"Run simulation until all vector stimuli are used"(全程仿真),再选"Automaitically add pins to simulation output waveforms"(自动加引脚到输出波形图),选"Glitch detection"(毛刺检测)且毛刺宽度设置为"2ns",选"Simulation coverage reporting"(覆盖仿真报告),选中"Overwrite simulation input file witn simulation results"(用仿真结果重写仿真输入文件),选中"Generate signal Activity file"(产生)信号动作文件且文件名为 COUNTER. saf。设置完参数后的设置参数窗口如附录图 3-24,最后单击"OK"按钮确认仿真参数设置。

3)启动仿真且观察波形

操作:执行"Processing"—"Start Simulation"命令。

直到在信息窗口出现"Quartus Ⅱ Simulation was successful"。仿真波形图通常会自动弹出。如果这时无法展开波形图上的所有波形,可以在波形区域内单击鼠标右键,这时弹出 Zoom 菜单,在菜单中单击合适的选项,可以对波形图放大或者缩小,直到合适为止,见附录图 3-25。

注:图中表示 P0(P1)机器周期由 T0～T4 这四个节拍组成,P0 和 P1 交替有效。

(3)SOF 格式文件下载

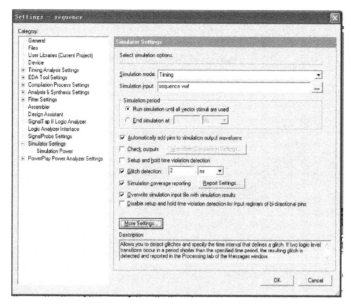

附录图 3-24　仿真参数设置

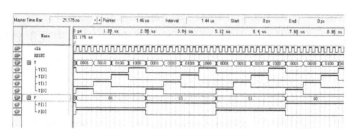

附录图 3-25　时序仿真波形图

一个工程编译成功后,会生成一种 SOF(SRAM Object File)格式的文件。如我们已经生成了 sequence_dianping.sof 文件。FPGA 器件是现场可编程器件,通过写 FPGA 内部的逻辑、电路和互连进行配置(重构),完成相应指定的逻辑功能。FPGA 由于采用写内部 SRAM 方式进行配置,因此断电后配置的内容会丢失。一个 FPAG 器件要想完成设计者指定的逻辑功能,必须将 SOF 格式的文件下载到 FPGA 器件中去,对 FPGA 器件进行配置。

1)用下载电缆将 PC 机和 FPGA 的下载电路连接起来

由于下载不仅涉及到软件问题,而且涉及到硬件问题,因此首先要对硬件进行设置。对于 TEC-CA(包括 TEC-CA-1)而言,首先要将下载电缆一头接 PC 机的并行口,一头接子板上的 JTAG 插座,然后打开 TEC-CA 的电源。

注意:不要带电插拔下载电缆。下载电缆连接的是计算机的并行口,因此插拔下载电缆时要关掉 TEC—CA 电源,不要带电操作,否则可能烧坏 FPGA 器件。

2)设置下载方式和下载的文件等

执行单击"Tools"—"Programmer"命令,弹出如附录图 3-26 所示的窗口。

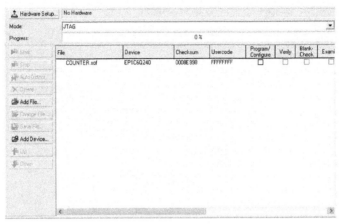

附录图 3-26 下载窗口

在 Mode 框中选择默认的 JTAG 下载方式,并且选中"Program/Configure"(编程/配置)框。由于是在 sequence_dianping 工程中下载,因此下载的文件默认为 .sof。

3)在 Quartus Ⅱ中建立下载硬件(可选)

如果是第一次在 Quartus Ⅱ中进行下载操作,首先应当是建立下载硬件。单击附录图 3-26 下载窗口中"Hardware Setup"(建立硬件)按钮,弹出建立硬件窗口,如附录图 3-27 所示。单击"Hardware Setting"按钮,选择建立硬件。单击"Add Hardware"按钮,则在"Available hardware item"(可用的硬件项)框内出现

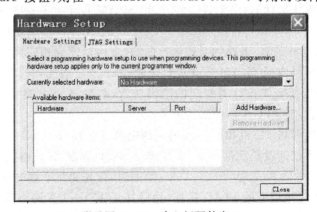

附录图 3-27 建立新硬件窗口

"ByteBlaserⅡ〔LPT1〕"。这时在"Currently selected hardware"（当前选中的硬件）框内选中"ByteBlaserⅡ〔LPT1〕"。最后单击"Close"按钮，建立下载硬件过程结束。

下面列举芯片下载过程中遇到的一些问题以供参考。

4）启动下载

单击下载窗口中的"Start"按钮，启动下载进程。当 Progress 框显示出 100％，以及在 QuartusⅡ主窗口底部的结果信息区出现 Configuration Seceeded 时下载成功。

（4）图形编辑和 VHDL 语言程序的混合设计

将画电路图（图形编辑）和 VHDL 程序（文本编辑）结合在一起进行编辑，是通过层次结构方式来设计。一般是将一个复杂电路分成若干个子模块，顶层采用图形方式（Symbol File）编辑，而底层（模块内）的功能是由文本编辑（VHDL File）来实现的。下面以 QuartusⅡ为例，说明如何使用两种不同的编辑方式进行层次结构设计。

例：由 2 个"与门"和一个"或门"组成一个"与或门"电路。具体步骤如下：

①启动 QuartusⅡ；

②使用 File 菜单中的"File"—"New Project Wizard"命令建立一个名字为"TEST"的工程；

③使用 File 菜单中的"File"—"New"命令建立一个名字为"and_gate"、类型为 VHDL 的新文件；

④在"and_gate"中输入下列内容，输入结束后将该文件保存。

```
library ieee;
use ieee.std_logic_1164.all;

entity and_gate is
port(a1,a2: in std_logic;
        b1: out std_logic);
end and_gate;

architecture behav of and_gateis
begin
        b1 ⇐ a1 and a2;
end behav;
```

⑤使用 File 菜单中的"File"—"Creat/Update"—"Creat Symbol Files   For

Current File"命令产生一个名字为"and_gate"类型为 Symbol Files 的新文件；

⑥使用 File 菜单中的"File"—"New"命令建立一个名字为"or_gate"、类型为 VHDL 的新文件；

⑦在"or_gate"中输入下列内容，输入结束后将该文件保存；

```
library ieee;
use ieee.std_logic_1164.all;

entity or_gate is
port (a1,a2: in std_logic;
        b1:    out std_logic);
END or_gate;

architecture behav of or_gate is
begin
        b1 ⇐ a1 or a2;
end behav;
```

⑧使用 File 菜单中的"File"—"Creat/Update"—"Creat Symbol Files For Current File"命令产生一个名字为"or_gate"类型为 Symbol Files 的新文件。

⑨使用 File 菜单中的"File"—"New"命令建立一个名字为"test"、类型为电原理图（Block Diagram/Schematic）的新文件。新文件建立后，屏幕上出现了一个如附录图 3-28 的图形编辑区。

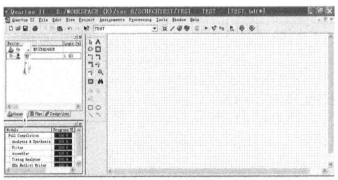

附录图 3-28　图形编辑窗口

在附录图 3-28 中，带格子的空白区为电原理图编辑区，电原理图编辑区左边为工具棒，用于输入和编辑电原理图。也可以使用菜单条输入和编辑电原理图。

⑩ 使用"Edit"菜单中的"Edit"—"Insert Symbol"命令插入 2 个"and_gate"。

附录图 3-29 是 Insert Symbol 命令菜单。

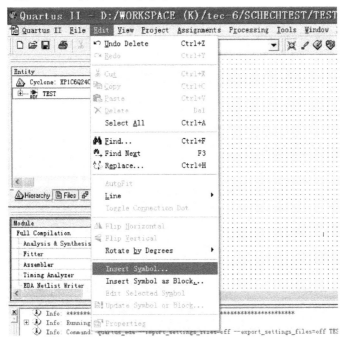

附录图 3-29　Insert Symbol 菜单命令

执行"Inset Symbol"命令后出现如附录图 3-30 所示的窗口,将对话窗口中的"Repeat-insert mode"可选操作置为选中方式(√),在窗口中选中"and_gate",然后点击"OK"按钮。

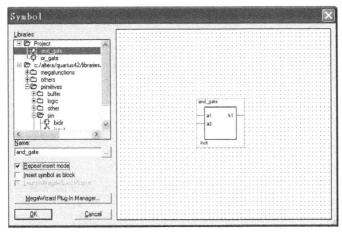

附录图 3-30　选择 Symbol(元件)窗口

连续将 2 个"and_gate"放在电原理图中希望的位置,单击鼠标右键结束这次的操作。

⑪使用步骤⑩,将 1 个"or_gate"放入电原理图编辑区。放入后的电原理图编辑区如附录图 3-31 所示。

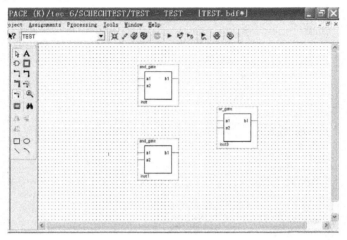

附录图 3-31   放入 2 个"and_gate"和 1 个"or_gate"的电原理图编辑区

⑫使用菜单命令或者工具条将 4 个 INPUT 类的 I/O 和 1 个 OUTPUT 类的 I/O 引脚,并用信号线将相应端口信号或者 I/O 引脚连接在一起。连接后的电原理图如附录 3-32 所示。

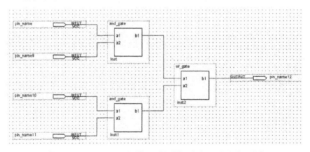

附录图 3-32   连接后的"与或门"电原理图

⑬将鼠标移到各 I/O 引脚上,单击鼠标右键,修改 I/O 引脚的信号名。4 个输入引脚改为 C1、C2、C3、C4,1 个输出引脚改为 D1。电原理图绘制结束,完整的"与或门"电原理图如附录图 3-33 所示。

从以上步骤可以看出,用电原理图和 VHDL 进行层次结构设计的关键有 2 点。一是将 1 个用 VHDL 写成的设计实体变成一个电原理图元件;二是在绘制电

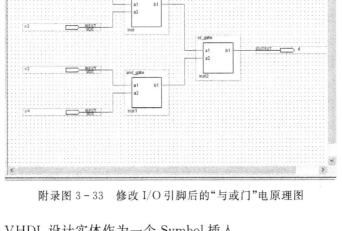

附录图 3 - 33   修改 I/O 引脚后的"与或门"电原理图

原图时将 VHDL 设计实体作为一个 Symbol 插入。

本节介绍了一些 Quartus Ⅱ 的基础知识,要真正掌握 Quartus Ⅱ 的使用方法,还需在实际的项目中多加练习。

2. TEC - CA 介绍

(1)TEC - CA 总体结构

1)TEC - CA 组成部分

TEC - CA 由下列部分构成:

①电源

安装在实验箱的下部,输出 +5V,最大电流为 3A。220V 交流电源开关安装在实验箱的右侧,220V 交流电源插座安装在实验箱的背面。实验台上有一个 +5V 指示灯。

②实验平台

实验平台安装在实验箱的上部,由一块印制线路板构成,主要作用是对用户设计的 CPU、计算机组成原理部件或者数字逻辑电路进行测试。实验平台通过 RS232 接口和 PC 机进行通信,RS232 插座安装在实验箱背部。

③子板

子板是可更换的,安装在实验平台上,上面主要是一片 FPGA 器件及其所需的附加电路,TEC - CA 子板上 FPGA 芯片目前是 ALTERA 的 ACEX1K100 芯片,它的等效门数目是 100000 门;TEC - CA - I 子板上 FPGA 芯片是 ALTERA 的 EP1C6 或者 EPC12,EP1C6 的容量比 ACEX1K100 多 20%,EP1C12 的容量是

EP1C6 的 2 倍。子板上有一个 JTAG 插座,用于对芯片下载。

④下载电缆

在使用 Altera 公司的 EDA 软件 QuartusⅡ时,将设计好的 CPU 或者计算机组成部件下载到 ACEX1K100 芯片时,需要使用下载电缆,下载电缆的一端和 PC 机的并口相连,另一端和子板上的 JTAG 接口相连。

⑤RS232 通信电缆

RS232 通信电缆用于 TEC-CA 实验平台和 PC 机之间的通信。RS232 通信电缆的一端接 PC 机的串行口(串口 0、串口 1、串口 2 或者串口 3,视 PC 机情况而定),电缆的另一端接 TEC-CA 实验箱背面的 RS232 插座(9 芯)。当使用 DebugController 软件将用户写的 CPU 调试程序写进 TEC-CA 实验平台上的存储器中时或者调试 CPU 时,在 PC 机上运行的 DebugController 需要和实验平台通信。

在 TEC-CA-Ⅰ还有另一条 RS232 通信电缆,它使用 USB 口实现 PC 机和实验台的串行通信。该通信电缆一端接 PC 机的 USB 口,另一端接 TEC-CA-Ⅰ实验台上的一个 B 型 USB 口。两条通信电缆不可同时使用,由实验台上的一个开关 SW22 决定使用哪条通信电缆。当 SW22 拨到朝上时,使用 USB 口的通信电缆;当 SW22 拨到朝下时,使用 RS232 通信电缆。

⑥DebugController 软件

DebugController 软件功能有两个:一是将用户按照自己定义的指令集编写的汇编形式的 CPU 调试程序转换成机器代码,并将它装入实验平台上的存储器中,机器代码的格式根据用户定义的指令集而定;二是调试用户设计的 CPU 及用户编写的调试程序。

⑦QuartusⅡ软件

QuartusⅡ是 Altera 公司的 EDA 软件。它的作用是为超大规模 FPGA 器件提供设计复杂数字逻辑电路的工具,并将设计好的方案下载到器件中去。QuartusⅡ有仿真功能,适用于 ACEX 系列和 cyclone 系列等超大规模 FPGA 芯片。

2)TEC-CA 总体结构

附录图 3-34 是 TEC-CA 总体结构图,整个 TEC-CA 主要由 PC 监控系统、外部程序存储器、FPGA 芯片及其相关下载电路,以及控制电路组成。其中 PC 监控系统主要是由监控软件(DebugController)构成,它将用户按照自己定义的指令集编写的汇编形式的 CPU 调试程序转换成机器代码,将它装入实验平台上的存储器中,并调试该程序的运行。FPGA 芯片及其相关下载电路在子板上,FPGA 芯片是用户设计的 16 位 CPU 的载体。存储器在实验平台上,由 2 片 6116 组成,构成 16 位存储器,容量为 2K 字,存储器和 FPGA 芯片中的 CPU 共同构成一台

16 位计算机。控制电路在实验平台上,它的核心部件是单片机 89S52,单片机与监控软件 Debugcontroller 一起对 16 位计算机进行调试,以验证 CPU 设计及调试程序的正确性。

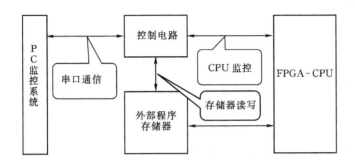

附录图 3 - 34　TEC - CA 总体结构图

(2)TEC - CA 设计指导思想

CPU 作为计算机系统的核心,是计算机组成原理和计算机系统结构实验中的重要内容。为了给实验学生最大的空间,充分发挥学生的创造力,本实验系统提出了一种新的设计思想,即希望建立一个研究型、设计型的开放式 CPU 实验平台。在该平台中能够尽可能消除各种限制,从 CPU 的指令集、指令格式、数据表示到寻址方式、存储方式等全部由学生自由设计,并且能够对各种不同类型的 16 位 CPU 进行调试和验证。学生可以在这个开放式 CPU 设计平台上进行计算机组成原理各部件实验,完全自由地进行 CPU 内核设计、测试、验证以及整个计算机系统的实验。

在目前的计算机系统设计中,掌握现代设计方法对于每一个学生是至关重要的,计算机设计只有通过电子设计自动化(EDA),即在条件允许的情况下使用流行的 EDA 设计工具和测试工具才可能实现。通过该系统,不仅使学生深入理解计算机组成原理,并且能够通过自己动手设计 CPU 来学习流行的设计方法和设计工具,提高实际设计能力。通过掌握最新的设计工具和测试工具,还可以解决实际计算机系统设计中出现的各种软硬件问题。可编程逻辑器件是计算机应用领域广受技术人员欢迎的器件,它不仅是计算机实验中的重要器件、也已经成为样机试制中的最佳选择。

TEC - CA 开放式 CPU 实验教学系统具有很好的通用性和灵活性,能够提供足够的硬件资源,尽量不依赖于硬件实现特性。它允许实验人员从指令系统构架确定开始,自由地进行指令集、指令格式、寻址模式、数据通路、控制通路的设计,到整个 CPU 的实现。可以满足不同 CPU 设计人员的各种设计思路和实现方法,能够允许自由地设计任何构架的 16 位 CPU。

在 TEC－CA 上首先需要用硬件描述语言设计一个"CPU"，通过软件进行模拟测试，最后下载到 FPGA 中在 TEC－CA 实验系统中进行实际的调试运行，TEC－CA 提供调试的各种手段。在本书的以后部分，我们用 FPGA－CPU 来称呼这类CPU，以指明其特殊性。事实上，本书中所有提到 CPU 的地方都是特指这类 CPU 而言的。在计算机组成原理部件实验中，FPGA－CPU 可以是计数器、移位器、ALU 等功能部件；在综合实验中，FPGA－CPU 可以是无流水无 Cache 的最基本最简单的 CPU 也可以是既有流水又有 Cache 的复杂的 CPU。设计完成后将 FPGA－CPU 由连接在 PC 机并口的 ByteBlasterⅡ 下载线下载到 FPGA 芯片中，通过 TEC－CA 实验系统来提供 CPU 的实际运行、调试和测试环境。

如果在设计 FPGA－CPU 时没有任何的约束条件，则很难自动测试，约束条件太多，则影响设计。本系统为了测试 FPGA－CPU 设置了最小的约束条件，某些通用的 I/O 引脚设置为寄存器选择、寄存器输入输出、外部 RAM 存储器地址选择和存储器数据的输入输出等。这些约束条件不会影响 FPGA－CPU 设计的灵活性，只是在设计完成以后的引脚配置时应按 TEC－CA 的要求配置芯片的管脚。

（3）TEC－CA 的功能概述

本节中，我们将从功能上对 TEC－CA 进行更为具体的描述。由于 TEC－CA 可以支持简单的功能部件实验，也支持复杂的 CPU 设计实验。以下将从复杂 CPU 设计的角度进行阐述，对于功能部件的实验，其原理及操作要相对简单些。

1）TEC－CA 的基本功能

首先，TEC－CA 支持 FPGA－CPU 的单步调试和连续运行。FPGA－CPU 的运行是通过执行预先写入到外部存储器中的目标程序来进行的，即 FPGA－CPU 从外部 16 位存储器的零地址开始读入指令并逐条执行。这实际上是 TEC－CA 的基本功能，也是实现所有其他功能的基础。

为了支持用户对外部存储器执行预写入操作，我们提供了 DebugController 软件，它在 PC 的 Windows（Windows2000 和 WindowsXP）环境下运行，除了支持对外部存储器的读写操作之外，还支持对 FPGA－CPU 的状态监控和对正在执行的程序调试，比如支持对程序设置断点，以及对地址总线和数据总线进行监控。

2）TEC－CA 的扩展功能

下面从两方面来叙述 TEC－CA 所具备的扩展功能。

对于计算机组成原理和计算机系统结构课程的综合实验来说，TEC－CA 还具有以下功能。

①对 FPGA－CPU 的调试功能

上面已经提到，除了支持 CPU 的运行和外部程序的下载之外，TEC－CA 还支持各种常用的程序调试功能。目前能够进行调试的程序为汇编级的代码,再加上对于 CPU 总线和内部寄存器等数据的实时监测,将为 CPU 的测试提供很大方便。

②支持各种类型的指令系统

TEC - CA 支持用户下载到 FPGA - CPU 中的各类指令系统,只要用户能够提供关于该指令系统的相应描述,TEC - CA 就可以为用户生成针对这种指令系统的目标代码,并进行测试。这样用户在设计指令系统时就不会受到其他方面的限制,获得了很大的灵活性。从实验平台的角度来看,它能够为支持任意指令系统的 FPGA - CPU 提供测试功能,其灵活性也得到了充分体现。

(4)子板

TEC - CA 开放式 CPU 实验教学系统的硬件主要分为两部分:子板和实验平台。子板插在实验平台上,是可以更换的。子板的主要部分是一片 FPGA 器件。FPGA 器件是现场可编程器件,通过写 FPGA 内部的 SRAM 对 FPGA 内部的逻辑电路和互连进行配置(重构),完成指定的逻辑功能。FPGA 由于采用写内部 SRAM 方式进行配置,因此断电后配置的内容会丢失。如果要使 FPGA 配置的内容断电后不丢失,必须在 FPGA 外部增加一片 E^2PROM。由于 TEC - CA 主要用于 CPU 实验,因此此子板上没有配置 EFPROM,只配备了一个 JTAG 下载插座。采用这种主板-子板结构增加了 TEC - CA 开放式 CPU 实验教学系统的灵活性。当需要用新型号的 FPGA 器件做实验时,只需设计装有新 FPGA 器件的子板即可。

子板由 FPGA、JTAG 接口等构成。FPGA 的部分 I/O 通过子板引入到主板上,提供足够的通用性和灵活性。JTAG 接口提供对 FPGA 的在线下载,即在 PC 机上通过下载软件 QuartusII 等将设计好的 FPGA - CPU 下载到子板上的 FPGA 芯片中去。下载时,下载电缆的一端接 PC 机的并行口,另一端接子板的 JTAG 插座。TEC - CA - I 的子板上有两个红色指示灯,一个是 3V 电源指示灯,一个是下载结束指示灯。当子板上 3V 电源存在时,3V 指示灯亮;3V 电源不存在(有故障)时,3V 指示灯灭。当下载完成后,下载指示灯亮;下载过程中,下载指示灯灭。

1)Cyclone 系列 FPGA 的特点

Cyclone 系列 FPGA 也是 ALTERA 公司可编程片上系统级芯片(SOPC,System On a Programmable Chip)。它也是 ALTERA 公司的产品。TEC - CA-I 子板上选用的是 EP1C6 和 EP1C12 两种芯片,均为 240 引脚的 PQFP 封装,这两种芯片 PQFP 封装的引脚兼容。EP1C6 内部有 5980 个逻辑单元(logic elements),20 个 128 × 36 bit 的 RAM 块。EP1C12 内部有 12060 个逻辑单元(logic elements),52 个 128 × 36 bit 的 RAM 块。这些 RAM 块可以单独使用,也可以联合

使用,可以方便实现不同大小的片上 RAM、ROM、双口 RAM,先进先出存储器(FIFO),直接在芯片内部组成一个系统。

2)Cyclone 系列 FPGA 的结构

Cyclone 系列器件包含一个二维的以行和列为基础的结构,实现用户的逻辑功能。器件内部各逻辑阵列块 LAB、存储器块通过行和列实现内部信号的连接。每个 LAB 包含 10 个逻辑单元 LE,LE 是最小的逻辑单元。每个 RAM 块包含 4K位,加上校验位,共 4608 位,是真双端口存储器。这些存储器块可以做成真双端口存储器,简单双端口存储器,单端口存储器。I/O 引脚连接在各个 I/O 单元上,支持各种单端 I/O,或者差分 I/O。各 I/O 单元包含一个 I/O 缓存器和 3 个寄存器,完成寄存器输入、输出和输出使能信号。Cyclone 器件提供了全局时钟网络和最多 2 个时钟锁相环。全局时钟网络提供了 8 条时钟线,为器件内部的资源提供时钟。这些资源包括 I/O 单元 IOE,逻辑单元 LE 和存储器块。

附录图 3 - 35 是 EP1C12 的框图。

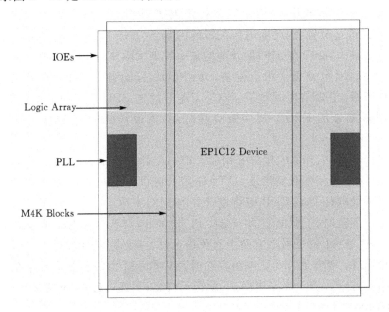

附录图 3 - 35　EP1C12 的框图

附录图 3 - 35 中 IOEs 表示 I/O 单元,负责输入、输出功能;Logic array 表示逻辑阵列,负责逻辑功能;M4K Blocks 是些 4K 位的,用作存储器;PLL 是锁相环。

注意:Altera 公司推荐存储器使用 Quartus 软件中的 MageWizard Plug-In Manager 产生,而不是用 VHDL 直接产生。Cyclone 系列 FPGA 的较详细的资料请参看 Cyclone Device Handbook Volume 1。

3)TEC－CA－1 子板和实验平台的连接

PQFP 封装的 EP1C6 和 EP1C12 各有 240 引脚,PQFP 封装的 EP1C6 或者 EP1C12。

并不是所有引脚都连接到了 TEC－CA 实验平台上,因为全部引脚连接到实验平台上是没有必要的。下面把连接到实验平台上与使用有关的引脚介绍一下。

①用户 I/O 引脚 138 个,做输出、输入使用。

2,6,7,8,12,13,14,15,16,17,18,19,20,21,41,42,43,44,45,46,47,48,49,53,54,56,57,58,59,60,61,62,63,64,65,66,67,68,76,77,78,79,82,83,84,85,86,87,88,94,95,96,98,99,100,101,104,105,106,113,114,115,116,117,118,119,120,121,122,123,124,125,126,128,132,133,134,135,136,137,138,139,140,141,158,159,160,161,162,163,164,165,166,167,168,169,173,174,175,176,177,178,179,180,181,182,183,184,185,186,187,188,195,196,197,200,201,202,203,206,207,213,214,215,216,217,218,219,222,223,224,225,226,233,234,235,236,238。

用户除了设计 CPU 外,在设计其他数字逻辑和数字系统时可以使用这些引脚,这些引脚的状态在实验平台上分别有相应的 LED 指示灯指示。

②CLK1(引脚 29),全局时钟。在实验平台上称为 FCLK。它是 FPGA－CPU 的初始时钟信号。

③DEV_CLRn,引脚 240。连接到实验台的 CPU_RST 信号上,此信号可作为 FPGA－CPU 的复位脉冲(负脉冲)。该引脚除了作为用户 I/O 外,还可以作为 DEV_CLRn 信号使用。当作为 DEV_CLRn 使用时,如果它为低电平,则将器件 EP1C6 或者 EP1C12 内部的寄存器清零。

④引脚 75,一个用户 I/O。连接到实验平台上作为信号/FWR,在 FPGA－CPU 从实验台上的外部存储器读取指令或者读、写外部存储器使用。当/FWR 为低时,对存储器写;当/FWR 为高时,从存储器读取数据。存储器为 2 片 6116,构成 2K 数据宽度为 16 位的静态存储器。

4)使用 EP1C6 和 EP1C12 的限制

为了使用户设计的 FPGA－CPU 能够和实验平台上的 2 片静态存储器 6116 构成一个 16 位的计算机,同时也为了使用户设计的 FPGA－CPU 能够被检测和调试,TEC－CA－1 系统对用户设计并实现 FPGA－CPU 做了少许限制。这些限制如下:

①FPGA－CPU 使用的时钟输入引脚必须是引脚 29(CLK1),外部时钟由实验平台提供,该时钟可能是实验平台上的单片机产生的,也可能是由实验平台上的

时钟电路产生的。取决于使用的需求。

②ＦＰＧＡ－ＣＰＵ如果使用复位脉冲的话，一般应使用引脚240（DEV_CLRn），复位脉冲必须为负脉冲，该复位脉冲由实验平台上的ＣＰＵ复位脉冲发生电路产生，每按一次实验平台上的ＣＰＵ复位按钮，则产生一个复位负脉冲。

③ＦＰＧＡ－ＣＰＵ对实验平台上的16位存储器（2片6116）读写的有关信号规定连接如下：/FWR引脚75（用户I/O），为低时对存储器写，为高时从存储器读数据。

存储器地址线	引脚	实验台上的指示灯
A0	引脚 41（用户 I/O）	A0
A1	引脚 42（用户 I/O）	A1
A2	引脚 43（用户 I/O）	A2
A3	引脚 44（用户 I/O）	A3
A4	引脚 45（用户 I/O）	A4
A5	引脚 46（用户 I/O）	A5
A6	引脚 47（用户 I/O）	A6
A7	引脚 48（用户 I/O）	A7
A8	引脚 57（用户 I/O）	A8
A9	引脚 58（用户 I/O）	A9
A10	引脚 59（用户 I/O）	A10
A11	引脚 60（用户 I/O）	A11
A12	引脚 61（用户 I/O）	A12
A13	引脚 62（用户 I/O）	A13
A14	引脚 63（用户 I/O）	A14
A15	引脚 64（用户 I/O）	A15

存储器数据线	引脚	实验台上的指示灯	开关 FDSEL＝0 的对应的开关
D0	引脚 200（用户 I/O）	D0	SD0
D1	引脚 201（用户 I/O）	D1	SD1
D2	引脚 202（用户 I/O）	D2	SD2
D3	引脚 203（用户 I/O）	D3	SD3
D4	引脚 214（用户 I/O）	D4	SD4
D5	引脚 215（用户 I/O）	D5	SD5

存储器数据线	引脚	实验台上的指示灯	开关 FDSEL＝0 的对应的开关
D6	引脚 216(用户 I/O)	D6	SD6
D7	引脚 217(用户 I/O)	D7	SD7
D8	引脚 223(用户 I/O)	D8	SD8
D9	引脚 224(用户 I/O)	D9	SD9
D10	引脚 225(用户 I/O)	D10	SD10
D11	引脚 226(用户 I/O)	D11	SD11
D12	引脚 234(用户 I/O)	D12	SD12
D13	引脚 235(用户 I/O)	D13	SD13
D14	引脚 236(用户 I/O)	D14	SD14
D15	引脚 237(用户 I/O)	D15	SD15

实验平台上存储器读、写所需的其他信号(如片选)由实验平台产生,不需要 FPGA－CPU 干涉。

④FPGA－CPU 中的寄存器

设计 FPGA－CPU 时,允许最多设计 64 个位寄存器,按编址方式访问。64 个寄存器中,前 32 个寄存器作为通用寄存器,后 32 个寄存器作为内部寄存器,包括程序计数器 PC 和指令寄存器 IReg。在调试 FPGA－CPU 时,可以将被测信号以寄存器的形式显示出来,从而可以检测任何被测试信号。为了实验平台能检测通用寄存器、程序计数器和指令寄存器的内容,前 32 个寄存器的编址为 0～31,程序计数器 PC 的编址为 62,指令寄存器 IReg 的编址为 63,内部寄存器的编址为 32～61。另外还有一个标志寄存器,它不属于这 64 个寄存器,各标志位 FS(符号)、FV(溢出)、FZ(零标志位)和 FC(进位)直接输出到 FPGA－CPU 的引脚上。综上所述,TEC－CA 对 FPGA－CPU 的设计要求如下:

寄存器地址	引脚	实验台上的指示灯	开关 REGSEL＝0 时对应的开关
REGSEL0	引脚 12(用户 I/O)	RS0	SA0
REGSEL1	引脚 13(用户 I/O)	RS1	SA1
REGSEL2	引脚 14(用户 I/O)	RS2	SA2
REGSEL3	引脚 15(用户 I/O)	RS3	SA3
REGSEL4	引脚 16(用户 I/O)	RS4	SA4
REGSEL5	引脚 17(用户 I/O)	RS5	SA5

寄存器数据	引脚	实验台上的指示灯
REG0	引脚 158(用户 I/O)	R0
REG1	引脚 159(用户 I/O)	R1
REG2	引脚 160(用户 I/O)	R2
REG3	引脚 161(用户 I/O)	R3
REG4	引脚 162(用户 I/O)	R4
REG5	引脚 163(用户 I/O)	R5
REG6	引脚 164(用户 I/O)	R6
REG7	引脚 165(用户 I/O)	R7
REG8	引脚 173(用户 I/O)	R8
REG9	引脚 174(用户 I/O)	R9
REG10	引脚 175(用户 I/O)	R10
REG11	引脚 177(用户 I/O)	R11
REG12	引脚 178(用户 I/O)	R12
REG13	引脚 179(用户 I/O)	R13
REG14	引脚 180(用户 I/O)	R14
REG15	引脚 181(用户 I/O)	R15
FC(进位)	引脚 86(用户 I/O)	C
FZ(零)	引脚 85(用户 I/O)	Z
FV(溢出)	引脚 84(用户 I/O)	V
FS(符号)	引脚 83(用户 I/O)	S

上述引脚的规定都是对计算机系统结构实验而设计的,在做其他方面的实验时,器件的这些引脚可以作为一般的 I/O 引脚使用。如果进行的是计算机组成原理实验或者数字逻辑实验,由于要使实验台上的开关 SD0～SD15 和开关 SA0～SA5 作为输入使用,因此这些开关对应的引脚只能作为输入使用。如果需要使用 D0～D15 作为输出,则必须将开关 FDSEL 拨到向上的位置。如果需要使用 REC-SEL0～REGSEL5 作为输出,则必须将开关 REGSEL 拨到向上的位置。

上面介绍的设计 FPGA - CPU 时的限制都是对器件的引脚分配时的要求,对设计 FPGA - CPU 本身并没有任何实质性的限制。因此对设计 CPU 而言,TEC - CA 是一个十分开放的系统。这种额外的引出不会影响 FPGA - CPU 的内部设计。基于 FPGA 的 FPGA - CPU 设计流程如下:设计者按照自己的设计编写 VHDL 程序,对 FPGA - CPU 的功能进行描述;在这一步完成之后,只需要在这一模块的外部再封装一层预定义好的外部引脚描述即可;实际的情况会略微复杂一些,因为在预定义外部引脚时,不仅仅是简单的引出,还需要实现外部引脚输出之间可能的逻辑关系,很容易举出的一个例子就是如果对内部寄存器进行统一编址,那么寄存器地址选择和寄存器内容输出之间就存在着相应的逻辑关系。

(5)实验平台

实验平台的作用是与调试软件 DebugController 一起,对用户设计的 FPGA - CPU 进行调试。它的核心是单片机 89S52。实验台上有 2 片 6116 芯片,它们与 FPGA - CPU 构成一个 16 位计算机。实验台上有许多拨动开关和指示灯,用于设置和显示各种状态。

注:本实验装置由清华大学科教仪器厂生产。

1)实验平台布局图

2)实验平台上的指示灯

实验台上的指示灯分为两大部分:FPGA 用户 I/O 指示灯和各种总线数据指示灯。

①存储器地址指示灯 A0～A15

位于实验平台左上角,指示存储器的地址。由于它们与 FPGA 的相应引脚相连,所以也可以指示相应引脚的状态。

②存储器数据指示灯 D0～D15

位于实验平台上部中偏左,指示存储器的数据(写入或者读出)。由于它们与 FPGA 的相应引脚相连,所以也可以指示相应引脚的状态。

③寄存器数据指示灯 R0～R15

位于实验平台上部中间,指示 FPGA - CPU 中寄存器的数据。由于它们与 FPGA 的相应引脚相连,所以也可以指示相应引脚的状态。

④寄存器选择指示灯 RS0～RS5

位于实验平台上部中偏右,指示寄存器选择(编址)的状态。由于它们与 FP-GA 的相应引脚相连,所以也可以指示相应引脚的状态。

⑤标志位指示灯 S、V、Z、C 和其他指示灯/FWR、/FDCLK

这些指示灯位于实验平台上部最右边,其中 S、V、Z、C 分别指示 FPGA - CPU 运算时产生的符号标志、溢出标志、零标志和进位标志。/FWR 指示 FPGA - CPU 产生的对存储器的读/写信号,高表示读,低表示写。FCLK 指示实验平台产生的 FPGA - CPU 的主时钟。

⑥用户 I/O 指示灯

在实验平台上子板插座的周围,有 124 个用户 I/O 指示灯,指示 FPGA 芯片用户 I/O 的状态。这些指示灯用于 FPGA 芯片作为设计一般数字电路,在计算机组成原理课程和计算机系统结构课程实验中不使用。

上述指示灯最好不要同时使用,当需要作为用户 I/O 指示灯时,就不要点亮

附录图 3-36　实验平台的布局

FPGA-CPU 的相应指示灯。反过来也一样。当短路子 DZ1（位于实验平台上部最右端）短接时，接通 FPGA-CPU 相应指示灯（上述 1～5 所述的指示灯），用以指示各种总线地址、数据和标志的状态;当短路子 DZ1 断开时,FPGA - CPU 的各种指示灯都不能显示。当短路子 DZ2(位于子板的右下角)短接时,接通用户 I/O 指示灯,指示各用户 I/O 引脚的状态;当短路子 DZ2 断开时,用户 I/O 指示灯都不能显示。之所以设计成两组分别显示是为了省电,从理论上说,这两组指示灯不可能同时使用。

3)实验平台上的开关

①模式选择开关 CLKSEL、REGSEL 和 FDSEL

这三个模式选择开关位于实验平台下部中偏左。用于选择 TEC - CA 常用的三种工作模式。

a. 时钟选择开关 CLKSEL

CLKSEL 是时钟选择开关,用于选择 FPGA - CPU 的时钟。FPGA - CPU 的时钟有三个来源,一个是由单片机产生的;一个是按单脉冲按钮(在实验平台左下角)产生的正脉冲,每按一次单脉冲按钮,产生一个正脉冲;一个是由 16 MHz 晶振和分频器 161(U2)组成的时钟电路产生的。CLKSEL 开关拨到 1(向上)时,选择按单脉冲按钮产生的单脉冲或者时钟电路产生的时钟;CLKSEL 开关拨到 0(向下)时,选择单片机产生的时钟。

当 CLKSEL 拨到 1 时,选择按单脉冲按钮产生的正单脉冲还是选择时钟电路产生的连续时钟是由短路子 DZ3 和 DZ4 决定的。当短路子 DZ3 短接且短路子 DZ4 断开时,选择按单脉冲按钮产生的正单脉冲;当短路子 DZ3 断开且短路子 DZ4 短接时,选择时钟电路产生的时钟。**注意:短路子 DZ3 和 DZ4 千万不能同时短接,同时短接会造成器件损坏。**

时钟电路共产生 4 路连续时钟:8MHz,4MHz,2MHz,1MHz。在短路子 DZ4 短接的条件下,选择哪路时钟是由短路子 DZ5、DZ6、DZ7、DZ8 决定的。见附录表3-1。

附录表 3 - 1　时钟频率选择表

短路子接法	选择的时钟频率
短路子 DZ5 短接且 DZ6、DZ7、DZ8 断开	8MHz
短路子 DZ6 短接且 DZ5、DZ7、DZ8 断开	4MHz
短路子 DZ7 短接且 DZ5、DZ6、DZ8 断开	2MHz
短路子 DZ8 短接且 DZ5、DZ6、DZ7 断开	1MHz

注意:在短路子 DZ5、DZ6、DZ7、DZ8 中任何时候只能一个短路子短接,其余短路子必须断开,否则会造成器件损坏。

b. 寄存器选择开关 REGSEL

寄存器选择开关 REGSEL 位于实验平台左下角,用于选择寄存器。FPGA -

CPU 中最多允许 64 个 16 位寄存器。当需要检测这些寄存器的内容时,有两种途径:一种途径是由单片机设置寄存器地址,然后将检测到的指定的寄存器内容发送到运行在 PC 上的软件 DebugController,由 DebugController 显示在 PC 机的屏幕上;另一种途径是通过实验平台上的开关 SA5～SA0 设置寄存器地址,在实验平台上部的 R0～R15 指示灯上显示指定的寄存器的内容。当开关 REGSEL＝1(开关向上)时,由单片机指定寄存器,寄存器的内容在 PC 机屏幕上显示指定的寄存器内容;当开关 REGSEL＝0(开关向下)时,由实验平台上的开关 SA5～SA0 指定寄存器地址,在实验平台上的指示灯 R15～R0 显示指定寄存器的内容。

c. FPGA - CPU DATA 选择开关 FDSEL

FPGA - CPU DATA 选择开关 FDSEL 位于实验平台左下角,主要用于对 FPGA - CPU 的总线 FD0～FD15 置数。当开关 FDSEL＝0(向下)时,可以使用数据开关 SD0～SD15 给 FPGA - CPU 的总线 FD0～FD15 置数。其中 SD0 对应 FD0,SD1 对应 FD1,……,SD15 对应 FD15。这种功能主要用于 FPGA - CPU 单独工作的时候(详细参看后面 TEC - CA 的三种工作模式)。当开关 FDSEL＝1 (向上)时,不能使用数据开关 SD0～SD15 给 FPGA - CPU 的总线 FD0～FD15 置数。

②数据开关 SD0～SD15

数据开关 SD0～SD15 位于实验平台的下部中间。这 16 个开关的作用是在模式选择开关 FDSEL＝0 时给 FPGA - CPU 的总线 FD0～FD15 置数。由于 FD0～FD15 是 FPGA - CPU 的用户 I/O 引脚,因此 SD0～SD15 对 FPGA - CPU 设置了各种各样的输入条件。

③寄存器地址开关 SA0～SA5

寄存器地址开关 SA0～SA5 位于实验平台的下部右边。这 6 个开关的作用是当模式开关 REGSEL＝0(向下)时,指定 FPGA - CPU 中的寄存器编址号,被指定的寄存器的内容在实验平台上部的指示灯 R0～R15 显示出来。

④通信选择开关 SW22

通信选择开关 SW22 位于 TEC - CA - Ⅰ右部,USB 通信小板的左边。当 SW22 开关朝上时,使用 PC 机的 USB 口和 TEC - CA - Ⅰ进行通信;当 SW22 开关朝下时,使用 PC 机的串行口和 TEC - CA - Ⅰ进行串行通信。**如果是第一次使用 USB 驱动 RS232 串行通信,必须安装驱动程序。**

4)实验平台上的指示灯和逻辑笔

指示灯 A0～A15 位于实验平台上部偏左。在短路子 DZ1 短接的情况下,显示实验平台上存储器的地址。在短路子 DZ1 断开的情况下,不显示任何信息。由于 A0～A15 指示灯连接 FPGA - CPU 的 FA0～FA15 用户 I/O 引脚,因此在短路子 DZ1 短接的情况下,可用来显示 FA0～FA15 引脚代表的其他信息。

指示灯 D0～D15 位于实验平台上部偏左。在短路子 DZ1 短接的情况下,显示实验平台上存储器的数据。在短路子 DZ1 断开的情况下,不显示任何信息。由于 D0～D15 指示灯连接 FPGA - CPU 的 FD0～FD15 用户 I/O 引脚,因此在短路子 DZ1 短接的情况下,可用来显示 FD0～FD15 引脚代表的其他信息。

指示灯 R0～R15 位于实验平台上部偏右。在短路子 DZ1 短接的情况下,显示 FPGA - CPU 中被指定的寄存器的内容。寄存器地址或者由单片机指定(开关 REGSEL＝1 时)或者由开关 SA0～SA5 指定(在开关 REGSEL＝0 时)。在短路子 DZ1 断开的情况下,不显示任何信息。由于 R0～R15 指示灯连接 FPGA - CPU 的 FREG0～FREG15 用户 I/O 引脚,因此在短路子 DZ1 短接的情况下,可用来显示 FREG0～FREG15 引脚代表的其他信息。

指示灯 RS0～RS5 位于实验平台上部偏右,在短路子 DZ1 短接的情况下,显示 FPGA - CPU 中寄存器的地址。寄存器地址或者由单片机指定(开关 REGSEL＝1时)或者由开关 SA0～SA5 指定(在开关 REGSEL＝0 时)。在短路子 DZ1 断开的情况下,不显示任何信息。由于 RS0～RS5 指示灯连接 FPGA - CPU 的 FREGSEL0～FREGSEL5 用户 I/O 引脚,因此在短路子 DZ1 短接的情况下,可用来显示 FREGSEL0～FREGSEL5 引脚代表的其他信息。

标志指示灯位于实验平台上部偏右。在短路子 DZ1 短接的情况下,显示 FP-GA - CPU 中标志位 FC(进位)、FV(溢出)、FZ(结果为零)、FS(符号)以及 FPGA - CPU 时钟 FCLK,FPGA - CPU 发出的对存储器的读、写信号/FWR(为低是写,为高是读)。在短路子 DZ1 断开的情况下,不显示任何信息。由于指示灯 C、V、Z、S 和 FPGA - CPU 的 FC(进位)、FV(溢出)、FZ(结果为零)FS(符号)用户 I/O 引脚相连,因此在短路子 DZ1 短接时,可以显示用户安排的其他信息。

用户 I/O 指示灯位于实验平台左部,在子板插座的四周。在短路子 DZ2 短接的情况下,显示 FPGA 用户 I/O 引脚的状态。在 FPGA 不是用于设计 CPU 和计算机组成部件而是用于设计其他数字电路的时候,使用这些指示灯。**注意:短路子 DZ1 和 DZ2 最好不要同时短接。**

＋5V 电源指示灯位于实验平台右上角,指示＋5V 电源是否存在。

实验平台右部有一个逻辑笔,用户可用它测试信号的逻辑电平。

5)实验平台上的短路子和单脉冲按钮

实验平台上共有 9 个短路子:DZ1～DZ9。有 3 个单脉冲按钮。

DZ1:位于实验平台右上角。当 DZ1 短接时,实验平台上部的一排指示灯 (A0～A15,D0～D15,R0～R15,RS0～RS5,/FWR,FCLK,C,Z,V,S)电源接通,正常显示代表的各种状态。当短路子 DZ1 断开时,实验平台上部一排的指示灯所需电源断开,这些指示灯全部熄灭。

DZ2:位于实验平台的左上角(在 TEC - CA - 1 中位于试验平台上子板的右下角)。当 DZ2 短接时,实验平台上左边的 FPGA 用户 I/O 引脚指示灯电源接通,正常显示所代表的各种状态。当短路子 DZ2 断开时,用户 I/O 引脚指示灯电源断开,这些指示灯全部熄灭。**注意:短路子 DZ1 和 DZ2 最好不要同时短接。**

DZ3:位于实验平台的左边。当开关 CLKSEL 拨到 1 时,当短路子 DZ3 短接时且短路子 DZ4 断开时,按实验平台左下角的单脉冲按钮,产生一个 FPGA - CPU 所需要的正单脉冲时钟。

DZ4、DZ5、DZ6、DZ7 和 DZ8:这些短路子位于实验平台左边,联合使用。当开关 CLKSEL 拨到 1 时,当短路子 DZ3 断开且短路子 DZ4 短接时,选择时钟电路产生的时钟,见表 1 - 2。**注意:短路子 DZ3 和 DZ4 千万不能同时短接,同时短接会造成器件损坏。**时钟电路共产生 4 路连续时钟:8MHz,4MHz,2MHz,1MHz。选择哪路时钟是由短路子 DZ5、DZ6、DZ7、DZ8 决定的。当短路子 DZ5 短接且 DZ6、DZ7、DZ8 断开时,选择 8MHz 时钟;当短路子 DZ6 短接且 DZ5、DZ7、DZ8 断开时,选择 4MHz 时钟;当短路子 DZ7 短接且 DZ5、DZ6、DZ8 断开时,选择 2MHz 时钟;当短路子 DZ8 短接且 DZ5、DZ6、DZ7 断开时,选择 1MHz 时钟。**注意:在短路子 DZ5、DZ6、DZ7、DZ8 中任何时候只能一个短路子短接,其余短路子必须断开,否则会造成器件损坏。**

DZ9:在 TEC - CA 中,当 DZ9 短接时,按一次 CPU 复位按钮,对 FPGA - CPU 的引脚 83 产生一个复位负脉冲;用户设计 FPGA - CPU 时,如果需要全机复位脉冲,可以使用此负单脉冲。在 TEC - CA - 1 中,没有短路子 DZ9。

单片机复位按键:此按钮用于使实验平台上的单片机 89S52 复位。按一次单片机复位按钮,产生一个使单片机 89S52 复位的正脉冲。

(6)TEC - CA 的三种调试模式

1)TEC - CA 的三种调试模式

为了更好地对用户设计的计算机组成部件和 FPGA - CPU 进行调试,TEC - CA 支持三种基本调试模式:FPGA - CPU 独立运行模式,FPGA - CPU 附加外部 RAM 运行模式和单片机控制 FPGA - CPU 调试运行模式。

①FPGA - CPU 独立运行模式

这种模式适用于调试计算机组成部件的实验。由于计算机组成部件不是一个完整的 CPU,因此无法构成计算机。在这种方式下,单片机不应同时也无法对 FPGA - CPU 的运行进行监控,FPGA - CPU 只接受实验平台下部的地址开关 SA0~SA5 和数据开关 SD0~SD15 作为输入,运行结果可通过实验平台上部的地址指示灯 A0~A15、数据指示灯 D0~D15、寄存器指示灯 R0~R15、寄存器选择指示灯 RS0~

RS5 和标志指示灯显示出来。单步调试时可使用按单脉冲按钮产生的正脉冲作为主时钟。确有必要连续运行时(如计数器)可以使用时钟发生器产生的 8MHz、4MHz、2MHz 和 1MHz 连续时钟作为主时钟,不过运行的结果需要用示波器观察。

②FPGA – CPU 附加外部 RAM 运行模式

在这种模式下,FPGA – CPU 和实验平台上的存储器(2 片 6116)构成一个 16 位的计算机。实验平台上的存储器作为 FPGA – CPU 的存储器,运行计算机程序和存放数据。在这种模式下,单片机不参与对计算机的监控。调试之前,16 位计算机的测试程序通过单片机(在 PC 机的 DebugController 软件的指挥下)预先下载到外部 RAM 中。测试程序运行结束后,如果存储器中存放有测试程序运行的部分结果,由单片机在 PC 机的 DebugController 软件的指挥下读出 RAM 中存放的运行结果,显示在 PC 机的屏幕上。如果测试程序运行结束后,存储器中没有存放有测试程序运行的部分结果,则不必从存储器中读出数据。这种模式支持单步调试,单步调试时使用单脉冲按钮产生 FPGA – CPU 的主时钟,使用实验平台上部的一排指示灯显示中间结果。这种模式也支持连续运行,但是如果要连续运行,FPGA – CPU 设计时必须设计停机指令。在调试过程中,查看 FPGA – CPU 中寄存器(如程序计数器 PC、指令寄存器 Ireg 和用户设计的通用寄存器)的内容时,应先在寄存器地址开关 SA0~SA5 上设置寄存器的地址,指定地址的寄存器的内容在寄存器内容指示灯 R0~R15 上显示出来。按 TEC – CA 的规定,程序计数器 PC 的地址为 62,指令寄存器的地址为 63,通用寄存器的地址由用户自己确定。调试测试程序的过程中,各种运算的标志位 C(进位)、Z(结果为零)、S(符号)和 V(溢出)的值自动在实验平台右上角上显示出来。

③单片机控制 FPGA – CPU 调试运行模式

这是最常用的一种模式。在这种模式下,FPGA – CPU 和实验平台上的存储器(2 片 6116)构成一个计算机,实验平台上的存储器作为 FPGA – CPU 的存储器,运行实验计算机程序和存放数据,这是与 FPGA – CPU 附加外部 RAM 运行模式相同的。与 FPGA – CPU 附加外部 RAM 运行模式主要不同之处在于,在 FPGA –CPU 附加外部 RAM 运行模式下,单片机不参与对实验计算机的监控;在单片机控制 FPGA – CPU 调试运行模式下,单片机参与对实验计算机的监控。在这种模式下,FPGA – CPU 的运行及调试完全由单片机来控制,用户可以通过 PC 监控程序向由单片机组成的控制电路发出控制指令,从而实现程序断点设置、FPGA –CPU 内部数据监测、程序连续运行等多种调试功能。在这种模式下,FPGA –CPU 可以单步调试,也可以连续调试。单片机控制 FPGA – CPU 调试运行模式与 FPGA – CPU 附加外部 RAM 运行模式不同的另一点是,在单片机控制 FPGA – CPU 调试运行模式下,FPGA – CPU 的时钟是由单片机提供的;在

FPGA-CPU附加外部RAM运行模式下,FPGA-CPU的时钟是由按单脉冲按钮产生的单脉冲提供或者由实验平台上的时钟电路提供。在程序调试过程中,FPGA-CPU中各寄存器(包括程序计数器、指令寄存器和标志寄存器)的值由PC机的DebugController软件在屏幕上显示出来;实验平台上的指示灯也可以显示出存储器的地址和内容。在FPGA-CPU测试程序运行之前,首先在PC机的DebugController软件指挥下通过单片机将测试程序装入到存储器中去。测试程序运行结束后,如果有存放于存储器中的部分运行结果,则需要由单片机在PC机的DebugController软件指挥下从存储器中取出来,显示在PC机屏幕上。

2)三种调试模式的设定

三种调试模式是通过实验平台上的三个模式开关REGSEL、CLKSEL和FD-SEL设定的。本小节讨论三种模式的设定方法。

①FPGA-CPU独立运行模式的设定

这种模式适用于实验计算机组成部件的调试。由于可能需要使用开关SA0~SA5作为FPGA-CPU的输入信号,所以开关REGSEL=0(向下)。由于使用实验平台上的单脉冲或者时序电路产生的连续时钟而不是使用单片机产生的时钟作为FPGA-CPU的主时钟,所以开关CLKSEL=1(向上)。由于可能需要使用开关SD0~SD15作为FPGA-CPU的输入信号,所以开关FDSEL=0(向下)。

②FPGA-CPU附加外部RAM运行模式的设定

这种模式由FPGA-CPU和实验平台上的存储器构成一个16位的实验计算机,不受单片机的监控。由于需要使用开关SA0~SA5设定FPGA-CPU的寄存器地址,以便在实验台上部的R0~R15显示被设定的寄存器的内容,所以REG-SEL=0(向下)。由于使用实验平台上的单脉冲或者时序电路产生的连续时钟而不是使用单片机产生的时钟作为FPGA-CPU的主时钟,所以开关CLKSEL=1(向上)。由于不使用开关SD0~SD15作为FPGA-CPU的输入信号,所以开关FDSEL=1(向上)。

③单片机控制FPGA-CPU调试运行模式的设定

这种模式由FPGA-CPU和实验平台上的存储器构成一个16位的实验计算机,受单片机的监控。由于不使用开关SA0~SA5作为FPGA-CPU的输入信号,所以开关REGSEL=1(向上)。由于使用单片机产生的时钟作为FPGA-CPU的主时钟,而不是使用实验平台上的单脉冲或者时序电路产生的连续时钟,所以开关CLKSEL=0(向下)。由于不使用开关SD0~SD15作为FPGA-CPU的输入信号,所以开关FDSEL=1(向上)。

综上所述,通过三种模式开关REGSEL、CLKSEL和FDSEL设定FPGA-CPU调试模式如附录表3-2所示。

附录表 3 - 2 FPGA—CPU 调试模式及相应模式开关设置

调试模式　　　　　　　模式开关	REGSEL	CLKSEL	FDSEL
FPGA - CPU 独立调试模式	0	1	0
FPGA - CPU 附加外部 RAM 运行模式	0	1	1
单片机控制 FPGA - CPU 调试运行模式	1	0	1

（7）FPGA - CPU 的一般实验步骤

本节简单介绍一下 FPGA - CPU 的设计和实验步骤。

①用 VHDL 语言编写设计方案，并将设计编译、连接、适配后，形成.sof 文件

在进行 FPGA - CPU 的实验之前，首先在 Altera 公司的 EDA 软件 Quartus Ⅱ 下用 VHDL 语言编写 FPGA - CPU。基于 FPGA 的 FPGA - CPU 设计流程如下：用户按照自己的设计方案，用 VHDL 语言（或者其他 EDA 设计语言）对 FPGA -CPU 的功能进行描述；整个设计完成后在 Quartus 进行编译、连接和适配工作，形成.sof 形式的文件；上述步骤成功以后，指定芯片引脚，重新进行编译、连接和适配工作，形成新的.sof 形式的文件。

②编写规则文件

规则文件是用户自己指定的汇编指令格式文件。由于在 TEC - CA 系统中指令集是用户自己定义的，因此需要用户自己编写规则文件。规则文件以行为单位。汇编器在初始化的时候会逐行解释规则文件，生成指令表和部分符号表。如果用户进行计算机组成部件设计，由于没有测试程序，因此不需要规则文件，这一步骤可以跳过。规则文件在任何文本编辑器下生成即可。

③编写测试程序

如果做 CPU 设计实验，由于 FPGA - CPU 和实验平台上的存储器构成 16 位实验计算机，编写测试程序是必须的。测试程序用于检验 FPGA - CPU 设计的正确性，必须按照规则文件指定的格式编写测试文件。如果用户进行计算机组成部件设计，由于没有测试程序，这一步骤可以跳过。

以上三个步骤是正式实验之前的准备工作。

④将 PC 机和 TEC - CA 连接

将 PC 机和 TEC - CA 连接就是做两件事情。一是将下载电缆的一头插到 PC 机的并行口上，将下载电缆的另一头插到 TEC - CA 子板上的下载插座（JTAG）上。二是将 RS232 通信电缆的一头插在 PC 机的串行口上，将 RS232 通信电缆的另一头插到 TEC - CA 实验箱背面的 9 针插座上。或者在使用 USB 口的情况下，将 USB 通信电缆一端插 PC 机的 USB 口，另一端接实验台上的 B 型 USB 口。在

开关 SW22 朝上时,使用 USB 通信;在开关 SW22 朝下时,使用 RS232 通信。

⑤打开 TEC-CA 实验系统的电源

打开电源后检查实验平台上的+5V 指示灯是否点亮。如果指示灯点亮,表示电源系统正常。

⑥选择实验的调试模式

按选定的调试模式设置好三个模式选择开关,将短路子 DZ1~DZ9 按本实验要求的正确方式短接或者断开。

⑦按单片机复位按钮,使单片机处于初始状态

⑧将 FPGA-CPU 设计下载到 TEC-CA 子板上的 FPGA 中

在 PC 机上启动 EDA 软件 Quartus,将.sof 文件形式的 FPGA-CPU 设计下载到 TEC-CA 子板上的 FPGA 芯片中,构成一个物理上的 FPGA-CPU。

⑨将测试程序装到存储器中

在 PC 机上启动 DebugController 软件,将测试程序装到实验平台上的存储器中。在 FPGA-CPU 独立调试模式中,没有存储器,也没有测试程序,这一步骤跳过。

⑩根据选择的调试模式调试程序

(8)TEC-CA 出厂时模式开关和短路子的默认设置

TEC-CA 出厂时模式开关和短路子的默认设置如下。

①模式开关的默认设置

模式开关默认的设置为 FPGA-CPU 独立调试模式:开关 REGSEL=0,开关 CLKSEL=1,开关 FDSEL=0。

②短路子设置

短路子 DZ1 短接。即实验平台上部的一排指示灯接通电源,以指示存储器地址、存储器数据、寄存器地址(编址)、寄存器数据和运算标志位 C/V/Z/S 等。

短路子 DZ2 断开。断开子板周围的用户 I/O 引脚指示灯的电源。因为不是进行数字逻辑电路实验,所以不使用这些指示灯。

短路子 DZ3 短接,短路子 DZ4 断开。这种情形下,使用单脉冲作为 FPGA-CPU 的主时钟,表示是单步调试。

短路子 DZ5 短接,短路子 DZ6、DZ7、DZ8 断开。这表示如果选择连续脉冲做 FPGA-CPU 的主时钟的话,使用 8MHz 时钟。这没什么特殊意义,真正使用时,由用户根据需要改动。不过,这四个短路子任何时候只允许一个短接,其他三个必须断开。

短路子 DZ9 短接。在 TEC-CA 中表示使用按 CPU 复位按钮产生的负脉冲作为 FPGA-CPU 的复位脉冲。如果用户在设计时将 FPGA 的这个用户 I/O 引脚另做他用,则短路子 DZ9 必须断开。在 TEC-CA-I 中,没有短路子 DZ9,因此

与 CPU 复位负脉冲对应的 FPGA 引脚不能挪作他用。

3. 调试软件 DebugController

在 PC 机上运行的 DebugController 软件是个调试软件，帮助用户调试设计的 FPGA – CPU。需要说明的是只有在综合实验设计 CPU 时才会用到。在计算机组成功能部件的实验中，用 Quartus Ⅱ 将编译好的代码下载到 FPGA 中后，利用实验平台自身的调试功能即可完成验证调试功能，无需使用 DebugController 调试软件。

（1）简介

DebugController 是为了配合 TEC – CA 测试系统而提供的一个软件，它可以帮助用户更直观地跟踪调试过程中的每一步骤。

1）用户界面

附图 3 – 37 是 DebugController 调试软件的用户界面。

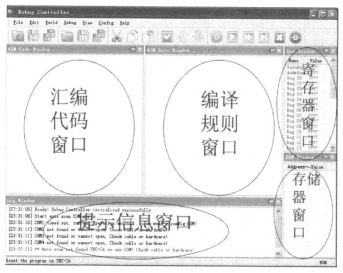

附录图 3 – 37　DebugController 的用户界面

附录图 3 – 37 是程序最初 DebugController 的用户界面，附录图 3 – 38 是在正确进行编译之后 DebugController 的用户界面。其区别就在于后者多出一个机器码窗口。

下面对用户界面的各部分作一简要说明。

①寄存器窗口

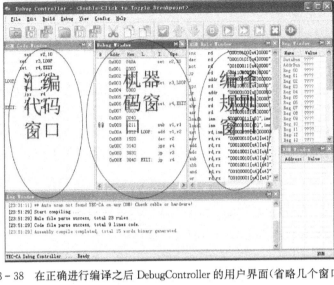

附录图 3-38　在正确进行编译之后 DebugController 的用户界面（省略几个窗口的标记）

用于显示 FPGA-CPU 运行过程中的实时存储器地址总线和数据总线，显示实时寄存器数据，包括通用寄存器、指令寄存器 Ireg、程序计数器 PC、标志 C（进位）、标志 S（符号）、标志 V（溢出）和标志 Z（结果为零）。用户可以把 FPGA-CPU 中的任何被监控信号的信号作为寄存器内容处理。在 Debug 模式下，如果两次操作后寄存器的某一项有修改，则会用红色区别显示。

②存储器窗口

用于显示存储器相应地址的内容，以十六进制显示。一般是在读存储器指令之后显示。

③汇编代码窗口

用于输入并编辑汇编格式的测试程序，测试程序可以自行在代码窗口中创建和编辑来完成，也可以用文本编辑器写好，通过打开文件的方式调入，可以随时保存和另存为其他文本文件。测试程序是一种汇编格式的代码，要符合用户规则文件中自定义的格式。汇编格式的测试程序经 DebugController 编译后，程序界面会变成如附录图 3-38 所示，自动增加一个机器码窗口，实际也是调试窗口，显示编译之后的二进制格式的代码。关于编译的功能和概念将在后面部分加以说明。

④编译规则窗口

用于显示用户自定义的汇编编译规则，编译规则可以自行在代码窗口中创建和编辑来完成，也可以用文本编辑器写好，通过打开文件的方式调入。可以随时保存和另存为其他文本文件。具体的编译规则的规范在后面部分给出。

⑤机器码窗口

用于显示十六进制格式的测试程序机器码(十六进制代码只能由汇编代码进行编译生成),同时也显示相应的汇编代码,它们的位置是同步的。此窗口实际也是调试窗口,关于调试的相关细节,将在后面的部分予以说明。

⑥提示信息窗口

用于显示 FPGA – CPU 调试过程中的上述窗口没有包括的相关信息,例如表示调试进程的信息,写存储器(RAM)的过程信息等。

2)命令

DebugController 软件启动后首先自动扫描 PC 机的串口和 TEC – CA 实验台上串口的连接。如果实验台电源没有打开,或者 PC 机的串口和 TEC – CA 实验台上串口没有用 RS232 电缆连接,或者没有用 USB 电缆将 PC 口和实验台上的 B 型 USB 口连接,或者开关 SW22 的方向不对,DebugController 则会给出没有可用串口的警告。这时应用 RS232 电缆将 PC 机的某一个串口和实验台背面的串口连接好,如果没有打开实验台电源则打开电源,然后执行 Config/Auto Scan COM 菜单中的命令重新自动扫描所有串口。

DebugController 采用了下拉菜单,为了方便,菜单只有两级。菜单中命令的含义与常用的 VC 等软件很相似,基本可以望文生义。下面按菜单的顺序介绍一下 DebugController 软件使用的命令。

①File(文件菜单)

主要分为三部分,分别是汇编代码(Code)部分、编译规则(Rule)部分以及关闭文件。

File—Code New(新建源文件),在汇编代码窗口中新建汇编文件形式的源文件。

File—Code Open(打开源文件),将指定的汇编文件形式的源文件打开,装入汇编代码窗口。注意:规则文件必须是文本格式(不是 Word 格式或者其他格式)的文件,且文件的后缀必须是 txt。

File—Code Save(保存源文件),将汇编代码窗口中经过编辑的源文件保存。如果事先是从文件打开并且已经修改内容,则自动保存为原来文件名。如果是由新建源文件编辑出来的汇编代码,则此菜单为灰色,无法点击。必须要点击"File/Code Save As"菜单才能进行保存。

File—Code Save As(以另一个名字保存源文件),弹出保存文件对话框,将汇编代码窗口中的源文件换另一个名字(或者路径)保存。

File—Rule New(新建规则文件),在编译规则窗口中建立一个新汇编规则文件。

File—Rule Open(打开规则文件),将指定的规则文件打开,装入编译规则窗口。

File—Rule Save(保存规则文件),将编译规则窗口中经过编辑的规则文件保存。如果事先是从文件打开并且已经修改内容,则自动保存为原来文件名。如果是由新建规则文件编辑出来的规则文件,则此菜单为灰色,无法点击。必须要点击"File/Rule Save As"菜单才能进行保存。注意:规则文件必须是文本格式(不是Word格式或者其他格式)的文件,且文件的后缀必须是 txt。

File—Rule Save As(以另一个名字保存规则文件),弹出保存文件对话框,将汇编代码窗口中的源文件换另一个名字(或者路径)保存。

File—Exit(退出),从 DebugController 退出。

②Edit(编辑菜单)

Edit—Cut(剪切文字),剪切一段文字,这段文字必须处于选中状态。

Edit—Copy(复制文字),将一段文字复制到剪切板,这段文字必须处于选中状态。

Edit—Paste(粘贴文字),将剪切板的文字粘贴到鼠标所在区域。

Edit—Select All(选中所有),将当前窗口的文字内容全部选中。

③Build(编译和建造菜单)

Build(编译和建造菜单),用于编译代码为二进制(十六进制)的代码。

Build —Compile Code(编译生成十六进制代码),按照编译规则将汇编代码编译成十六进制代码的目标文件。并产生机器码窗口,显示汇编代码和机器码同步对照的内容。

Build — Upload BIN(写二进制文件到存储器),将十六进制代码窗口中的二进制文件(目标文件)写入存储器。写入存储器的起始地址为 00H。

Build —Download RAM(从存储器读二进制文件),将存储器的内容读进十六进制代码窗口。在此命令执行中需要指定存储器的起始地址和末地址。显示在 RAM Window 中。

④Debug(调试菜单)

Debug(调试菜单),用于对在存储器中的测试程序进行调试。只有在单片机控制 FPGA – CPU 调试运行模式下才能执行 Debug 菜单中的程序调试命令。

Debug —Begin Debug(开始调试),开始进入调试状态,机器码窗口(Debug Window)会占用原来的汇编代码窗口、机器码窗口和编译规则窗口的全部空间。即界面可见的窗口只有提示信息窗口、寄存器窗口、存储器窗口和机器码窗口。如果串口不可用则无法进入 Debug 模式,串口可用则进入 Debug 模式,Debug(调试菜单)中的其他菜单才由灰色变为高亮,即可用。

Debug —Half Cycle(半周期调试)(F7),时钟改变一次。如果时钟在本命令之前处于低电平,则单片机将时钟变为高电平;如果时钟在本命令之前处于高电平,则单片机将时钟变为低电平。

Debug— One Cycle (完整周期调试)(F8),执行一个时钟周期。由于在单片机控制 FPGA - CPU 调试运行模式下 FPGA - CPU 的时钟是由单片机提供的。此命令的含义就是命令单片机发出一个包括上升沿和下降沿的时钟。上升沿和下降沿的先后取决于时钟先前的状态,如果本命令前,时钟处于低电平,则上升沿在前;反之则下降沿在前。

Debug—Run To BP(连续运行到断点)(F9),程序从当前的 PC 开始运行到指定的地址,也就是断点,没有指定断点的时候此菜单为灰色。

Debug— Reset(复位)(F12),复位命令,本命令获取 FPGA - CPU 复位后的信息。为了使用 Reset 命令,用户设计的 FPGA - CPU 必须有复位引脚,在 TEC - CA 中复位引脚必须是引脚 83;在 TEC - CA - I 中复位引脚必须是引脚 240;FPGA - CPU 必须使用负脉冲复位,CPU 复位的主要功能应该是使程序计数器清零(如果使用微程序控制器也必须同时使微程序地址寄存器清零)和使各标志位清零。上述要求是用户在设计 FPGA - CPU 时必须做到的,否则使用 Reset 命令没有任何意义。如果 FPGA - CPU 按上述要求设计了复位功能,在使用 Debug —Reset(复位)(F12)复位命令之前,首先按实验台上的 CPU 复位按钮,使 FPGA - CPU 复位,然后使用 Debug —Reset(复位)(F12)复位命令。本命令的功能是使 FPGA - CPU 不用重新从 Quartus 软件将它下载到 FPGA 中的情况下,重新对 FPGA - CPU 进行调试。

Debug — End Debug(结束调试),结束调试状态,隐藏的汇编代码窗口和编译规则窗口此时变为可见。

⑤View(视图菜单)

View — Code Window(是否显示汇编代码窗口),是否显示汇编代码窗口。

View — Rule Window(是否显示编译规则窗口),是否显示编译规则窗口。

View — Log Window(是否显示提示信息窗口),是否显示提示信息窗口。

View —Debug Window(是否显示机器码窗口)(Debug Window),是否显示机器码窗口。

View — Reg Window(是否显示寄存器窗口),是否显示寄存器窗口。

View R—RAM Window(是否显示存储器窗口),是否显示存储器窗口。

View — Status Bar(是否显示状态栏),是否显示状态栏。

View —Tool Bar(是否显示工具栏),是否显示工具栏。

⑥Config(设置菜单)

Config(设置菜单),用于设置选择串口号,和自动选择串口号以及清除历史提示信息。

Config / Selet COM 1,选择1号串口(注意:不能改变串行口的通信参数(波特率等),这是因为单片机中使用的串行通信参数是不可改变的。)在选择的时候同时会发送一个测试命令,等待测试命令的回送命令,如果1号串口不可用,则会在提示信息窗口显示"COM1 not found or cannot open, Check cable or hardware!";如果1号串口可用但是测试命令没有回送,则会显示"COM1 timed out, current operation aborted... You must reconfig COM!";如果1号串口可用而且测试命令得到了回送,会显示"User chose to link TEC–CA on COM1 Successfully"。

Config — Selet COM 2,选择2号串口(和 Selet COM 1 情况类似)。

Config — Selet COM 3,选择3号串口(和 Selet COM 1 情况类似)。

Config — Selet COM 4,选择4号串口(和 Selet COM 1 情况类似)。

Config — Auto Scan COM,自动扫描所有串口。向 COM1~COM4 顺序发送一个测试命令,等待测试命令的回送命令,如果 x 号串口不可用,则会在提示信息窗口显示"COMx not found or cannot open, Check cable or hardware!";如果 x 号串口可用但是测试命令没有回送,则会显示"COMx timed out, current operation aborted... You must reconfig COM!";如果 x 号串口可用而且测试命令得到了回送,会显示"Auto scan linked TEC–CA on COMx Successfully"。

Config — Clear Log History,清除提示信息窗口的内容。

Config — Default Layout,默认显示状态,显示所有窗口,包括 Code Window, Rule Window, Log Window, Debug Window, Reg Window, RAM Window, Status Bar 和 Tool Bar。

⑦Help(帮助菜单)

里面只有 Help / About 子菜单,显示软件作者和相关信息。

工具栏按钮

在主菜单行下面是工具栏按钮。从左到右依次为:

a. Open Code File(打开汇编文件)

b. Save Code File(保存汇编文件)

c. Save As Code File(另存为汇编文件)

d. Open Rule File(打开编译规则文件)

e. Save Rule File(保存编译规则文件)

f. Save As Code File(另存为编译规则文件)

g. Cut(剪切)(Ctrl+X)

h. Copy(复制)(Ctrl+C)

i. Paste（粘贴)(Ctrl＋V)

j. (10)Compile Code(编译代码)

k. Upload BIN（写二进制文件到存储器）

l. Download RAM（从存储器读二进制文件）

m. Begin Debug(开始调试)

n. Half Cycle（半周期调试)(F7)

o. One Cycle（完整周期调试)(F8)

p. Run To BP（连续运行到断点)(F9)

q. Reset（复位)(F12)

r. End Debug（停止调试）

3）DebugController 使用流程

本小节将说明如何将一个用汇编代码编写的测试程序编译成十六进制目标代码以及如何将代码写入存储器,并使用 PC 监控程序提供的功能对 FPGA－CPU 进行相应的调试。

①准备工作

将实验台背后的 9 针插座和 PC 机的一个串行口用 RS232 通信电缆连接,将实验小板上的下载插座和 PC 机的并行口用下载电缆连接。打开实验台电源。

②启动 DebugController 程序

启动程序后,程序自动扫描可用串口。程序会向 COM1～COM4 顺序发送一个测试命令,等待测试命令的回送命令,如果 x 号串口不可用,则会在提示信息窗口显示"COMx not found or cannot open, Check cable or hardware!";如果 x 号串口可用但是测试命令没有回送,则会显示"COMx timed out, current operation aborted... You must reconfig COM!";如果 x 号串口可用而且测试命令得到了回送,会显示"Auto scan linked TEC－CA on COMx Successfully"。在通信测试有故障时按提示进行检查和改正。

③建立/打开汇编代码文件和新建/打开编译规则文件

执行 File—Code New 命令,在 ASM Code Window 中新建汇编代码文件。或者执行 File—Code Open 命令,打开已经存在的汇编代码文件,如附录图 3－39 所示。

执行 File—Rule New 命令,在 ASM Rule Window 中新建编译规则文件。或者执行 File—Rule Open 命令,打开已经存在的编译规则文件,如附录图 3－40 所示。

编辑完汇编代码和编译规则之后保存。

④将汇编文件编译为十六进制文件

附录图 3-39　新建/打开汇编代码文件

附录图 3-40　新建/打开编译规则文件

　　执行 Build—Compile Code 命令,将汇编文件编译为十六进制文件,此时弹出 Debug Window(机器码窗口),如附录图 3-41 所示。

　　⑤设置调试模式

　　将实验平台的调试模式设置为 FPGA-CPU 附加外部 RAM 运行模式(REGSEL=0,CLKSEL=1,FDSEL=1)或者单片机控制 FPGA-CPU 调试运行模式(REGSEL=1,CLKSEL=0,FDSEL=1)。

　　⑥将十六进制代码文件传送到存储器(RAM)中

　　执行 Build—Upload BIN 命令,将十六进制代码文件传送到存储器(RAM)中。如果程序较大,上传时间较长,会有进度条显示上传进度。传完之后在 Log

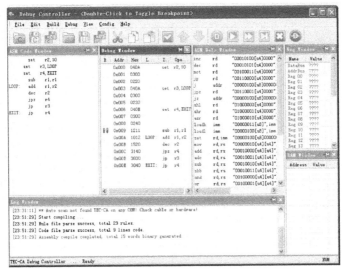

附录图 3 – 41　执行 Compile Code 命令后弹出 Debug Window 窗口

Window 中会有提示信息。

⑦将 CPU 设计下载到 FPGA 中形成 FPGA – CPU

在使用 QuartusⅡ软件将 CPU 设计经编译后,将它下载到 FPGA 中,在 FP-GA 中生成一个物理 CPU。如果调试模式设置为单片机控制 FPGA – CPU 调试模式(REGSEL＝1,CLKSEL＝0,FDSEL＝1),就可以通过 DebugControlloer 对 FPGA – CPU 进行调试了。步骤 7 和步骤 8 的顺序可以改变。

⑧开始调试

执行 Debug— Begin Debug 命令,开始调试。

可以使用 Debug(调试菜单)中的子菜单项或者使用工具栏的快捷命令按钮,对 FPGA – CPU 进行调试,具体内容参见前文中命令的含义。

特别指出,设置断点是在 Debug Window 相应的行上鼠标双击,取消断点也是相应的鼠标双击。由于单片机指令本身只支持单断点,所以程序中也只能设置单个断点,如附录图 3 – 42 所示。

⑨结束调试

结束调试前如果要查看实验台上存储器的内容,请使用 Build —Download RAM (从存储器读二进制文件)命令。执行 Debug— End Debug 命令,结束 Debug 模式。

⑩FPGA – CPU 附加外部 RAM 运行模式调试

首先将短路子 DZ3 短接,将短路子 DZ4 断开。在经过前 7 个步骤将测试程序装入存储器并将 CPU 设计下载到 FPGA 中形成 FPGA – CPU 后,将实验平台的

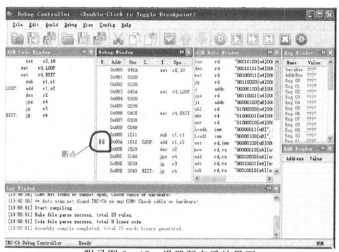

附录图 3-42　设置断点后的界面

调试模式设置为 FPGA-CPU 附加外部 RAM 运行模式（REGSEL＝0,CLKSEL＝1,FDSEL＝1）。然后按单脉冲按钮,每按一次按钮,产生一个完整的 CPU 脉冲。在调试过程中,指示灯 A15～A0 指示存储器地址,指示灯 D15～D0 指示存储器总线数据,C、Z、V、S 指示运算结果标志位。通过拨动开关 SA5～SA0 设置寄存器号（地址）,则在指示灯 R15～R0 上显示出对应的寄存器内容。

（2）规则文件语法

基本语法

规则文件以行为单位。汇编器在初始化的时候会逐行解释规则文件,生成指令表和部分符号表。规则文件中可以包含注释行,汇编器识别注释并忽略该行的内容。规则文件有两种工作语句,一种是指令定义语句,一种是常量定义语句。工作语句的行首都不得为空白符。每行可分为三个字段,用空白隔开。意味着三个字段中不允许出现空格或 TAB。这一点必须格外留神,因为汇编器有时候会报错,有时候却检查不出来。

①注释

注释行以空白符或者分号或者 / 或者 ♯ 起始。如:

; This is a comment.

　This is a comment,2.

♯ This is a comment,3.

/ This is a comment,4.

②常量定义语句

如果第二字段为"＝",表示这一行是一个常量定义语句。第一个字段是常量名,第三个字段是一个表达式。常量名顶格写。汇编器算出表达式的值后，将其赋给该常量名。已定义的常量名此后就不可以重定义了。否则汇编器会报错并停止工作。

允许在规则文件中定义常量，是考虑到像寄存器名这种常量，即使在不同的汇编程序中也有着相同的值。如果我们在规则文件中预先定义它们，就不需要在每个汇编程序中作重复的定义。

③指令定义语句

若第二字段不是"="，便认定这一行是指令定义语句。第一字段是指令名，第二字段是操作数声明，第三个字段是关于如何生成该指令的机器码的说明。指令名必须顶格写。如果有多个操作数，操作数之间用逗号隔开；切记不要习惯性地在逗号后加空格。如果该指令没有操作数，这个字段也不能空着，应该用"."来表示。基本的格式如下：

<指令名>　　<opr1,opr2,…>　　<binary code format>,arg1,arg2,…

为了说明第三个字段格式，让我们回到先前的例子。

ADD　　rd,rs"00010000[u4][u4]",rd,rs

用双引号括起来的字符串称为二进制码格式串。它指出了这条指令的机器码的生成办法。其中的 0 和 1 表示这一位的确定值。如果这一位无关紧要（non care），可以取任意值，那么用"X"或者"－"表示。比较难懂的是上面例子出现的"[u4]"。凡是中括号括起来的段表示这一段是尚未确定的，必须根据后面的参数来计算。数字 4 表示这一段是 4 个比特位长，u 表示这一段是无符号段，也就是说，不需要进行溢出判断。如

"[u4]",－1

汇编器将 (－1)&0xf 赋给这个段，不会报错。再如

"[u8]",256

汇编器将 256&0xff 赋给这个段，也不会报错。而考虑下面

"[8]",128 和"[8]",－129

汇编器就会报错。因为这个段的取值范围是 8 位的带符号数，即 [127,－128]。

通过对格式串的解析，汇编器会得出该指令的二进制代码长度。如果不是 16 的整数倍，它会给出警告。因为内存的最小可寻址单元是 16 比特长。所以我们默认所有的指令都应该为 16 的整数倍长。

参数一般是操作数参与运算的表达式。最简单的是：

INCrd"00010100[u4]XXXX",rd

比较复杂的是：

BNZaddr"00110010[8]",addr－(@＋1)

该语句的第三字段只有一个参数："addr－(@＋1)"。它是一个表达式,目的是求出当前 PC 到目标地址 addr 的偏移量。我们默认当前 PC 为当前指令(即该指令)的地址(用"@"表示)加上指令的长度(以字度量)。上面的例子中当前 PC 为@＋1。所以偏移量即为 addr－(@＋1)。我们为了保持宏展开后运算顺序仍正确,最好在 addr 上加上括号。即

    BNZaddr"00110010[8]",(addr)－(@＋1)

考虑指令定义:

    MVDrd,data"10110000[u8]11000000[u8]0000[u4]00000111",data％256,data/256,rd

如果汇编程序中出现

    MVD r1, 999＋9999

那么宏展开后,参数 1 和 2 成了

    999＋9999％256,999＋9999/256。

得到的结果就不对了。正确写法应该是:

    MVDrd,data"10110000[u8]11000000[u8]0000[u4]00000111",(data)％256,(data)/256,rd

参考文献

［1］王爱英.计算机组成与结构.北京:清华大学出版社,2011.

［2］唐朔飞.计算机组成原理.北京:高等教育出版社,2008.

［3］雷伏容.VHDL 电路设计.北京:清华大学出版社,2011.

［4］褚振勇,翁木云.西安:西安电子科技大学出版社,2002.

［5］汤志忠 杨春武.开放式实验 CPU 设计.北京:清华大学出版社,2007.

［6］陆佳华,江舟,马岷.嵌入式系统软硬件协同设计实战指南.北京:机械工业出版社,2013.

［7］何宾.Xilinx FPGA 设计权威指南.北京:清华大学出版社,2012.